植物的反击

重构自然秩序的食虫植物

李峰——著
张兴——绘

商务印书馆
创于1897 The Commercial Press

图书在版编目（CIP）数据

植物的反击：重构自然秩序的食虫植物 / 李峰著；张兴绘．—北京：商务印书馆，2021（2022.8 重印）

（自然感悟丛书）

ISBN 978-7-100-19320-7

Ⅰ．①植… Ⅱ．①李… ②张… Ⅲ．①驱虫－植物－普及读物 Ⅳ．①Q949.96-49

中国版本图书馆 CIP 数据核字（2021）第 001222 号

自然感悟丛书

植物的反击

——重构自然秩序的食虫植物

李 峰 著

张 兴 绘

商 务 印 书 馆 出 版

（北京王府井大街 36 号 邮政编码 100710）

商 务 印 书 馆 发 行

北京新华印刷有限公司印刷

ISBN 978-7-100-19320-7

2021 年 2 月第 1 版 开本 880×1230 1/32

2022 年 8 月北京第 2 次印刷 印张 7¼ 插页 1

定价：72.00 元

推荐序

李峰博士是我和白书农教授在北大的学生，获博士学位后去瑞典哥德堡大学从事博士后研究。2013 年回国后，他给我和白老师说他想去中学当老师，当时我有点吃惊，但还是支持他的选择，他去了人大附中。后又听白老师说他结合教学，也为培养学生的兴趣，在开展对食虫植物猪笼草的观察和研究。为此，应他的邀请，2014 年 11 月我和白老师还专门到人大附中听取他介绍猪笼草的工作和设想，并与师生座谈。通过那次活动，我感到很欣慰，因为我觉得李峰老师在那里可以很好地发挥他的专长。

令我惊奇的是今年（2016）年初，他告诉我，他正在写一本有关食虫植物的科普书。3 月下旬我收到《食虫植物》书稿 1 ~ 5 章，由于忙于公务，当时只匆匆看了一部分。后来他把全书的书稿及部分插图也发给我了，趁暑假在上海，仔细读了一遍，感慨颇多。

其一，本书内容很吸引人，趣味性很强。每当去参观植物园，在温室里总可以看到各种食虫植物——猪笼草、捕蝇草、茅膏菜等，总会吸引不少中小学生。我是学植物学出身的，虽然知道达尔文写了关于食虫植物的第一本专著《食虫植物》（1875），但还从未读过一本专门介绍食虫植物的专著。本书对食虫植物的介绍深入浅出，文笔生动流畅，插图也十分优美，在作者的笔下各种食虫植物生机勃勃地出现在读者面前。

其二，虽然食虫植物在整个植物界，论数量、种类不算多，论其重要性，远远不如那些农作物或做基础研究用的模式植物，但作者在书中除了介绍有关食虫植物的科学知识外，还尽可能完整提供了各类食虫植物发现和研究的历史、相关的人物，其中不少是历史上知名的大科学家，包括林奈、达尔文、胡克、歌德、赫胥黎等。也许正因这是一类“吃动物”的植物，而引起了历史上这么多知名科学家的研究或关注。书中说到虽然林奈最早正式命名了猪笼草（*Nepenthes*），但是他当时还不相信植物会吃虫。由于林奈当时在社会上的巨大影响力，他的观点在随后一百多年中也一直为其他人所盲从，直至达尔文等一批博物学家通过大量实验，观察研究了食虫植物捕食昆虫的过程，这一观点才最终被否定，这在植物学史上也很有意思。

其三，作者引用了近年来科学家利用植物分子生物学的原理、技术以及现代测试仪器研究食虫植物捕食昆虫的机理的不少研究结果。作者在书中各章文末都列出了相关的文献资料，读者可以据此追溯历史上各个时期关于食虫植物的发现、观察、实验和争议。作者还在每章不断向读者提出需要进一步思考或研究的问题。其中一些已成为作者在人大附中指导学生做的不少实验和观察的设计依据，这些结果也很好地充实了已有的资料，从而让学生了解如何开展科研、设计实验、观察现象，并做出合理的解释，从中培养科学精神、提高科学素质、追求科学真理。

基于以上几点，我认为本书是一本融知识和兴趣于一体的非常优秀的科普著作。不仅可以作为中学生的课外读物，对于研究植物科学的高校师生也不失为一本了解食虫植物的入门书。是为序。

许智宏

北京大学生命科学学院

2016 年 8 月 7 日于上海

前言

植物的反击

都说有人的地方就有江湖，其实没有人的地方也不太平，植物和动物之间的战争持续了漫长的时间，基本上植物多处于被动挨打的地位。这种地位是在远古时期就决定了的。在地球上只有单细胞生物的时候，动植物之间的关系就已经确定了。光合自养的单细胞生物，不用努力地去捕食了，而开始朝着自给自足的方向发展。为了获得更多的光能来进行光合作用，植物选了扁片状的叶子作为光合的场所，绝大多数植物都采取这个策略。植物除了需要适应干旱环境之外，更加专注于固着生长。它们需要解决的最大问题就是抵抗重力，细胞之间的连接要坚固。只有植物细胞壁不断地加厚，才能支持其在空间中尽可能展开，让扁片状的叶子获得更多的光能。植物在这方面做得很成功，能够长成参天大树，但是付出的代价也是巨大的，它们的运动能力被进一步限制了，尤其是快速运动的可能性。植物为适应外界环境变化，不得已选择了忍耐，而异养的细胞，则走上了完全不同的道路，它们也形成了多细胞的个体，细胞间分工更加明确、复杂。动物细胞的形态虽然复杂多样，最主要的特征是没有细胞壁限制，利于改变形状。从所有细胞做所有工作，到特定细胞做特定工作，动物细胞中出现了专门负责信息传递的神经细胞、快速运动的肌肉细胞，这些分工使得动物能够快速地对环境做出反应：趋利避害，逃脱捕食者，捕猎其他生物。

图 1　牛群在田间吃草

动物之间的捕食关系愈演愈烈，在演化过程中出现了不断升级的各种捕食与反捕食机制，道高一尺，魔高一尺五。动物吃植物的过程则显得比较平静，因为这是一个单向的过程，植物逆来顺受、没有反抗，植食动物大多比较温顺，整个过程波澜不惊，甚至有些温馨，比如牛群在田间吃草，经常作为美丽的田园风景出现（图 1）。

在这平静的画面下，其实暗流涌动，植物做出了很多顽强的抵抗。虽然植物打不过大型植食动物，但是对小的昆虫还是可以还还手的。比如，柳树在被虫子咬的时候，释放出的一种可挥发分子（茉莉酸甲酯）会通知自身的其他叶片以及附近的同族，告诉它们吃叶片的虫子来了，做好防御准备。植物能够做的就是合成酚类、丹宁这些让虫子吃起来觉得不舒服的东西，这样就能减少伤亡。这件事在首次被发现、报道的时候，引起了极大轰动，人们认为植物之间会说话了[1]。

仅仅是通知“友军”做好防御，还是不够主动，植物还想出了其他的方式，更加积极地应对昆虫的进攻。比如，玉米叶子被行军虫（armyworm）的幼虫咬了，虽然玉米没有能力消灭它，但是能够在伤口和虫子口水刺激下，叶片散出挥发性物质，吸引来杀手寄生蜂。寄生蜂在虫子中产卵，卵孵化出的寄生蜂幼虫就开始吃，从里到外吃穿行军虫的幼虫。虽然有细胞壁束缚，玉米不方便还手，但是可以找帮手，间接地杀死虫子，这些靠的是良好的虫际关系[2]。

在与动物的斗争中，植物不断地寻找新的方式还击。终于，不知道什么原因，自然界中多次、独立地演化出了超过 600 种食肉植物（carnivorous plant）[3]，分布在 17 属、10 科，拉开了植物直接反击动物的大幕。我们这里更愿意称之为食虫植物，因为大多数食肉植物吃各类昆虫，仅有少数大型食肉植物能够吃小型哺乳动物、鸟类。出现这些植物界中“战斗机”的原因，可能是土壤环境中缺乏氮元素，植物无法仅靠根部吸收来获取足够的营养，只能想别的办法来弥补，能够吃虫子的植物就获得了更大的优势。最初的情形可能是由于某些叶片有凹陷空间，积累了雨水，比如瓶子草、猪笼草等。小虫子淹死在水里，分解后的营养被植物吸收利用，即使环境缺少氮元素，这些食虫植物依然可以顺利生长。慢慢地，在自然环境的不断筛选下，食虫植物演化出了各种神奇的、完善的捕虫方式。

博物学家的探索

植物与动物精彩的斗争，进行得漫长而又悄无声息，远在没有人类存在的时候就已经开始了。从人们第一次把植物拿在手里仔细揣摩开始，到产生“植物是与动物具有同等地位的生物”这样的观念，过了非常久的时间。从古希腊的亚里士多德时代，一直到非常晚近的年代，在人们的观念中植物都是一种很低等的存在。从亚里士多德开始定下了规则：植物只有营养灵魂，动物比植物多了运动灵魂，人最高级，比动植物多了理性灵魂（图 2）。

之所以产生这种观念，就是植物与动物差别太大了。人们意识到植物有性别、能运动、还能吃动物，甚至生物是不断演化的，都是在相对短的时间内建立起来的，也就是 17 ~ 19

图 2　亚里士多德的植物、动物、人“等级差别理论”

世纪，此壮举由林奈、达尔文这些伟大的博物学家完成。如今，这些观念是我们现代人的常识，认为向来如此（当然也未见得是所有人，我们身边还是有些人对黄瓜花分雌雄、植物能吃虫子感到惊异）。为什么在这个时候、为什么是这些博物学家改变了人们看待生命现象的基础观念，这是个很有意思的问题。

就像现代科学诞生于 16 ~ 17 世纪的欧洲不是偶然的，达尔文的演化理论诞生于 19 世纪的欧洲也不是机缘巧合。可以说欧洲蓬勃发展的博物学热潮，为达尔文的伟大理论积蓄了足够的力量，不仅是具体的生物学知识，还包括科学革命所带来的深刻社会变革，也催生了演化理论。时间来到了火山喷发的前夜，炙热的岩浆已经在地下涌动。我们甚至可以猜想，即使没有达尔文来提出，很快也会有其他科学家提出生物演化的基本法则。在众多为达尔文积累素材与知识的博物学热潮中，食虫植物的发现与研究，就是其中的一小部分，不过是非常有意思的一小部分。

欧洲人对自然研究的热爱与喜好，是我们中国文化传统里没有的部分。中国人也热爱自然，但是我们热爱作为整体的天地、山川、草木、百兽，既没有提出独立的自然观念，也不会探索其中每一部分的奥秘，即便有人从事了相关的博物学研究，一定也要有些具体的实用目的。如果没有什么实用性，会被斥责为玩物丧志，这些传统博物学的知识很难走进中国历史的主流视野，也就无法被继承和发展。

欧洲人对博物学的狂热追求有很复杂的历史原因和动机，我们先看看达尔文之前，人们对博物学热爱的景象。从国王贵族到贩夫走卒，都把研究博物学、了解自然当作一项正当爱好，甚至是终身事业，绝不会被当作坑家败产的纨绔子弟。比如，伟大的博物学家林奈能够攀附上瑞典皇室，就是因为要给这些贵族的动植物、矿物收藏编纂目录，这些收藏家中有国王、王后、伯爵[4]。这些贵族的收藏品种类丰富，家中算得上是博物馆了。贵族花大价钱买来各种标本收藏，是体现高雅品位和投资的常规操作。英国的皇家学会主席斯隆，就是一个热爱博物收藏的有钱人，他死后捐出的 7.1 万件藏品成就了日后大英博物馆的开端。在英国，各种贵族如何体现自己的城堡或者庄园地位尊贵？那就是要用来自遥远的新大陆或者东方的奇花异草装点豪宅，越是罕见、难以经受长途海运不易成活的植物，越是贵族们追逐的目标。英国皇家植物园邱园（Kew Garden）和法国巴黎的皇家植物园像英法两国一样，长期进行明争暗斗。英国的班克斯爵士，作为邱园的园长就曾这样打击对手，他说：“邱园比巴黎植物园好，因为我们的那棵捕蝇草要比巴黎植物园里的长得好。”这种来自美洲的神奇植物，地位就像今天欧洲动物园里来自中国的大熊猫一样尊贵。因为有着来自贵族阶层的巨大需求，也催生了“赏金猎人”这个行业，与达尔文同样想到物种演化理论的华莱士，就是以搜集、贩卖珍稀标本为生的赏金猎人。

贵族们对博物学的爱好还远不止花钱买来东西，找人来著书立传装点门面，而且真的会投身博物学研究。这些贵族们热衷参与的高贵科学研究，是那个时代的风气，比如卡文迪许、波义耳这些伟大的物理学家，都是出身名门的贵族。前面所说的班克斯爵士，也是贵族出身，非常有钱。他跟随传奇的库克船长登上“奋进号”到全世界航行，自己花巨资购置了大量仪器设备，有望远镜、显微镜、装标本的瓶瓶罐罐、200 支枪和弹药，称得上移动实验室。据说装了 30 个大箱子，耗资 1 万英镑。而库克船长的年薪才 90 英镑[5]。班克斯作为博物学家参与海军远航，也成了日后英国皇家海军的传统。在他之后，另一位博物学家登上皇家海军的“小猎犬号”，就是达尔文了。达尔文没有班克斯那么土豪，精打细算地买了两支枪，花了 50 英镑，他忍住没有买 60 英镑的精致手枪，同时花 5 英镑买了望远镜和指南针，带着自己的显微镜去航行了[6]。这些博物学家出海远航不同于迫于生计的水手或赏金猎人，与自己的巨大投资相比，他们远航的酬劳微乎其微，或者根本没有薪酬。那个时代的远洋航行充满危险，海上莫测的风浪、致命的败血症和各种传染病、与当地原住民的冲突，随时都会要了博物学家的性命。在大自然面前，富人不比穷人幸运多少，但是这些依然无法阻挡他们探索世界的冲动。

除了贵族，普通民众对于博物学的喜爱也十分普遍，一方面是源自上层社会的示范作用；另一方面是因为来自新大陆的新奇物种，尤其是植物，确实成为了改变社会面貌的巨大推动力。无论是茶树、咖啡这样的消费型植物，还是橡胶、棉花这样重要的工业用途植物，都在大航海时代之后深刻塑造了欧洲社会。在 19 世纪的英国，曾经出现过公众的抗议活动，要求皇家植物园邱园增加开放时间（图 3）。

而这时候的邱园园长是约瑟夫·胡克，他把上午最好的时光留给了专业学者和学生，公众参观者只能下午一点后参观。民众抱怨邱园没能给游客提供饮用下午茶的地方，要知道英国人对喝茶看得是多么重要，而这种传统也来自于东方的植物。胡克拒绝给邱园中的玛瑞安·诺斯画

图 3　民众举行抗议，要求邱园增加开放时间

室设置喝茶的地方，因为在重要的节假日邱园会一下子涌入77,000人，不可能满足这么多人的喝茶需求[7]。我们的故宫，现在合理日接待量也才三四万人，六七万已经是高峰期。当年的伦敦只有不到五百万人，而现在的北京超过两千万人，可以想象当年英国民众中的巨大热情。大航海时代之后，新奇的物种被引进到欧洲，普通人也有了见识遥远地方植物的机会，虽然不能到新大陆去看看，至少可以看展览感受一下不断扩展的世界。这种对博物学的喜好潮流，可以看作欧洲帝国上升期的一种标志，博物学既推动了帝国的扩张与发展，民众热衷博物也成为了盛世的体现。这些年，国内不断高涨的博物学、自然教育热潮，也是国家日益强大稳定后的必然趋势。

有关博物学，尤其是植物学的著作也非常流行。在纺织工人中都设有学习林奈植物学分类体系的学会，聚集在酒吧辨识植物，有些纺织工人立志要记住林奈的24个纲[7]。从贵族、政府高官、医生、商人，到产业工人，都乐于展开博物学的学习和研究。物理、化学这样的自然科学研究，通常上流社会的贵族才有钱购置昂贵的仪器设备进行研究，一般人难以参与。博物学研究较少依赖实验仪器设备，远比其他科学研究容易普及，比较容易满足下层民众对于高尚活动的向往。就是在这样浓厚的社会氛围下，达尔文的演化理论出现了，这是多么理所应当而又必然的结果。在欧洲人探索、占领全世界的潮流中，也就自然而然地遇到了颠覆观念、打破动植物关系的食虫植物，出现了一批研究食虫植物的杰出人物。在这本书中，我们按照捕虫原理，将食虫植物分为三大类逐一介绍，并将回顾一下从达尔文时代开始，博物学家研究食虫植物的科学历程。

参考文献

[1] 查莫维茨．植物知道生命的答案：植物看得见你 [M]. 刘夙，译．武汉：长江文艺出版社，2014.

[2] Jane B. Reece. Campbell Biology 9th[M]. Benjamin Cummings, 2010: 891.

[3] Ellison A.M., Gotelli. N.J. Energetics and the evolution of carnivorous plants: Darwin's most wonderful plants in the world. J Exp Bot[J]. 2009. 60(1): 19–42.

[4] 布兰特．林奈传：才华横溢的博物学家 [M]. 徐保军，译．北京：商务印书馆，2017: 241.

[5] 法拉．性、植物学与帝国：林奈与班克斯

[M]. 李猛，译 . 北京：商务印书馆 , 2017.

[6] 达尔文 . 达尔文生平及书信集 : 第 1 卷 [M]. 上海：三联书店，1957.

[7] Griggs, P., Joseph Hooker. Botanical Trailblazer[M]. Royal Botanic Gardens Kew[J]. Kew Publishing，2011：53.

目录

捕蝇草

武器：
快速运动

第一章 1

从美洲到欧洲

1754年，亚瑟·多布斯（Arthur Dobbs）从爱尔兰移居到现在的美国北卡罗来纳州，做了大地主（虽然那时候还没有美国），后来成了那里的殖民地长官。多布斯是位园艺爱好者，在去新大陆之前，曾从北美买过很多种子，种在自己的花园里。到了北卡，他还继续着这个爱好，而捕蝇草的主要分布地就在北卡东南部的沿海地带和南卡北部的一小部分区域。在1759年，70岁的多布斯写信给英国的园艺家彼得·柯林森（Peter Collinson）："我从海岸边采了一些植物，有一种类似捕苍蝇的东西，会夹住任何触碰它的东西。它生长在北纬34°区域，不超过35°。我在试着保存些它的种子……"（图1–1）身处欧洲的柯林森第

图 1-1　多布斯在美洲发现捕蝇草

一次获知了有这么一种神奇的植物存在。后来英国商人兼博物学爱好者约翰 · 艾利斯（John Ellis）在杂志上发表了捕蝇草的插画。

这幅画一直到如今还在新发表文章中出现。1768 年，艾利斯把捕蝇草插画和标本寄给了瑞典的林奈（Carl Linnaeus），但是信是用英文写的，林奈看不懂，需要学生来翻译（图 1-2）。

林奈当时已经是大人物（图 1-3），建立了现在全世界生物分类的命名体系——双名法，以“属名 + 种加词”的方式为生物定名，是瑞典国宝级学术权威，全欧洲都有名，很多人都会把新发现的植物标本或者插画寄给林奈，以求林奈在种名之后加上发现者的名字。按照

图 1–2　艾利斯写信给林奈，并送去捕蝇草标本，林奈为捕蝇草命名

图 1-3　瑞典 100 元克朗上的林奈头像

规则，林奈在捕蝇草学名后面加上了 Ellis，就成了现在的捕蝇草拉丁文名 *Dionaea muscipula* Ellis。*Dionaea* 是属名，来源于希腊女神 Dione 狄俄涅，宙斯的妻子；而种加词 *muscipula* 的拉丁文是 mus（老鼠，mouse）+cipula（陷阱，trap），是老鼠夹子的意思，而不是我们现在俗称的苍蝇夹子（fly+trap）。艾利斯就把捕蝇草称作微型带齿捕鼠夹子。一开始捕蝇草还有很多其他名字，但是都没有普及开，逐渐不再使用了，英文名字 flytrap 成为了现在广为人知的名字[1]。目前一般会称之为维纳斯捕蝇草（Venus Flytrap）。

捕蝇草生长在沼泽或者草地的酸性土壤、石英砂、泥炭土中，喜欢营养匮乏的土壤。从种子萌发开始，要 4 ~ 7 年才能达到成熟，野外捕蝇草的最长寿命没有严格的数据，据说有人养过一株捕蝇草，生长超过 25 年，如果把长出的分枝不断进行营养繁殖，没准可以一直活下去。但是在室内，捕蝇草很难养，估计达尔文就养不好捕蝇草。所以在他的伟大著作《食虫植物》（*Insectivorous Plants*）中，被达尔文称作“世界上最有趣的东西”——捕蝇草——只占了很少的部分，而关于茅膏菜的实验占了大部分篇幅，可能因为达尔文的捕蝇草长得不够好，不能大量做实验；而他的茅膏菜养得又多又好（图 1–4）。

捕蝇草需要阳光直射，还要求湿度比较高，冬季需要经历低温，第二年才能长好。如果一直在热带环境的温室里就会死掉，在温室中经常比较难伺候。事实上，在美洲它的原产地，捕蝇草是很坚强的植

图 1–4　达尔文的捕蝇草和茅膏菜

物，耐得住冬季的低温，也不怕短暂的水淹，水淹后还能顺带捕捉点水里的小虫子，还不怕野火，白色、膨大的茎生长在土壤之下，土壤很好地隔绝了温度。地下部分能够在山火过后迅速生长出新的叶子[1]。所以维纳斯捕蝇草其实水火不侵，是坚强的女汉子（图 1–5）。

图 1–5 水火不侵的捕蝇草

从生物学到医学

在 19 世纪末期，欧洲兴起捕蝇草研究的热潮，达尔文研究了捕蝇草的运动特征、肉食行为。有科学家在捕蝇草中开展电生理研究，研究电刺激与叶片闭合的关系；还有人详细研究了捕蝇草的形态结构、不同部位的细胞特征。捕蝇草的形态学研究是理解其他所有方面的基础性工作，除了从事这些正经研究的人外，还有些非主流的科学家研究起了捕蝇草的医用价值。1970 年，德国人开始研究从捕蝇草中挤出来的汁液是否能够分解癌细胞中提取的异常蛋白，有好事者声称用提取物能够治疗黑色素瘤、各种癌症、炎性肠病（Crohn’s disease）、艾滋病（HIV）、疱疹……简直是灵芝仙草，包治百病。这些

图 1–6　以捕蝇草为噱头的骗人药品

研究没有一项是靠得住的，但骗子们不仅搞研究、发发文章，甚至真的将其产业化了（图 1–6）。有些骗子以捕蝇草为噱头，制成灵丹妙药出售，叫作“Carnivora”（食肉动物），药瓶子上画了一株捕蝇草。骗子在他们的网站上声称“提高免疫力，百分之百纯天然，选择性针对异常细胞，对正常细胞无毒无害，畅销全球 25 年，一瓶只要 39.95 美元，买五送一”。

不过后来这种看似搞笑的事情却开始越来越正经起来，到现在人们已经陆续从捕蝇草中提取到 15 种化合物，主要是黄酮类、酚类物质，其中还有一种是捕蝇草特有的，这些次生代谢产物可以参与调节细胞中的信号传导，影响肿瘤形成过程[2]。“炼金术式”的捕蝇草治病研究（图 1–7）慢慢变得高大上起来，跨进了严肃的现代生物学门槛（图 1–8）。各式对于捕蝇草的研究工作一直持续到了今天，人们对自然的了解永远在路上。而我们关注的还是捕蝇草本身，依然要从它的结构开始谈起。

图1-7 炼金术实验室

图1-8 现代生物学实验室

从结构到功能

捕蝇草长着几圈莲座叶，叶子一般有 5 ~ 7 片，每一片叶子的顶端长着一对非常厉害的夹子（lobe），在夹子的边缘有很多凸起的长毛，被称作“卫毛”（guard hair），在每一片夹子内部，都有三对锥子一样的触毛（sensor hair）呈三角形分布，两片夹子的触毛长在对称的位置。这些恐怖的大夹子，在最初并不被认为是捕蝇草捕虫、获得营养的结构。比如，达尔文的爷爷——伊拉莫斯·达尔文（Erasmus Darwin），认为这些夹子是用来保护花的。其实捕蝇草开花时间很短，而从有第一片真叶开始就已经出现夹子了（图 1-9）。达尔文的爷爷之所以会有这种印象，可能还要归咎于艾利斯那幅著名的捕蝇草插画（图 1-10），画着

图 1-9　捕蝇草卡通形象

图 1-10 艾利斯所绘插画

一株开花的捕蝇草，看起来像舞动的夹子中间开放着一丛花。而老达尔文应该也没有见过或者养过捕蝇草。捕蝇草在开花的时候，叶片、夹子进入了不健康的状态，夹子经常失去闭合能力。这幅著名的插画，有一个很隐蔽的错误，细心的读者可以与卡通版插画（图 1–9）相比较一下。

艾利斯的画中，捕蝇草下面的花先开放，依次向上开，也就是说这是一个无限花序，理论上可以一直长出新的花朵。而实际上捕蝇草的开花方式是图 1–9 中那样，顶上的一朵花最先开放，依次向下，花序不能向上无限发展。可能艾利斯在画的时候是按照想象来画的，参照的是干燥的标本，所有的花都已经干燥、褶皱，很难看出开花的先后顺序。

捕蝇草的大夹子不仅仅是一件冷兵器，应该说是一套设计精巧、配合紧密的武器系统（图 1–11a）。整个捕蝇草的叶片，会由特殊的腺体（图 1–11b）散发气味、吸引昆虫，而夹子的内部也会合成花青素，变成红紫色（图 1–11c），伪装成花朵的样子吸引昆虫，据说还能发

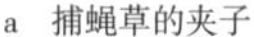

a　捕蝇草的夹子

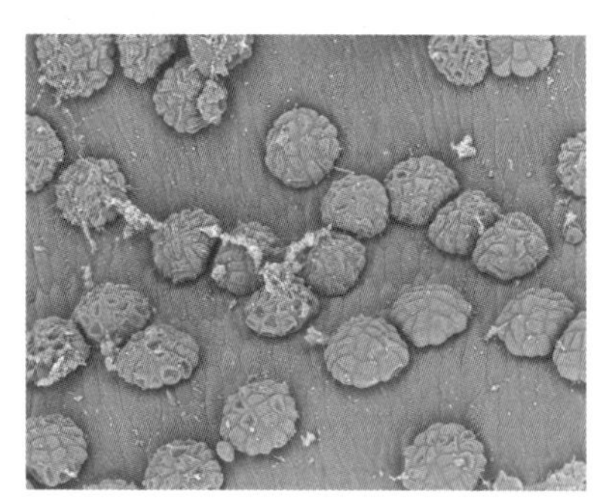

b　捕蝇草夹子内表面上分布的腺体

图 1–11　捕蝇草

出各种气味，在其他植物中这些气味通常来自于花器官、果实[2]。

昆虫到来之后，捕蝇草如何知道自己的“菜”来了呢？毕竟捕蝇草没有眼睛，不能靠视觉信号判断；同样也不能依靠嗅觉，因为气味分子会飘得很远，气味先飞来，虫子可能还在很远的地方，捕蝇草接收到气味分子就捕虫，那十有八九会扑个空。机智的捕蝇草在自己的大夹子中设置了机关陷阱，就是那三对触毛。最初人们认为触毛是夹子闭合后戳死猎物的工具，可能是因为触毛长得太过凶险，像非常厉害的杀伤性武器。其实触毛是敏感、基部可弯曲的信号传导工具。当昆虫步入夹子、触碰了触毛，巨大的战争机器快速启动、迅速闭合，快到仅需 100 毫秒，以“迅雷不及掩耳盗铃之势”困住进入的昆虫，天下武功唯快不破。触毛着生的位置非常讲究，两片夹子的触毛位置两两相对，各自位于夹子的中间位置，三根触毛组成个倒三角形（图 1-11d）。要是触毛长在夹子的边缘，虫子触发机关时还没有步入陷

c 捕蝇草夹子近照

d 捕蝇草夹子中的三对触毛

e　四根触毛的突变体，夹子上半部分中的红色部分为触毛

阱深处，则过早引发闭合，虫子很容易逃脱。只有极少数例外，会出现一片夹子上长两根或者四根触毛的现象（图 1-11e）。触毛基部的细胞很有弹性，使得细长的锥子在夹子闭合后不至于过于刚性而折断。为什么触毛会呈倒三角形分布，这是个非常有趣的问题，感兴趣的读者可以思考它的合理性。

如果虫子有比较坚硬的外壳，或者长得比较壮实，即使快速闭合这一击没有毙命，它也很难跑出去，因为夹子边缘有长长的卫毛，在夹子快速闭合后卫毛逐渐扣紧，像监狱的铁栅栏一样，相互交错。除非个头很大，无法被完全罩住，或者力气惊人，能够奋力挣扎出去，否则虫子只能被困在这个绿色牢笼里。虫子的持续挣扎，让捕蝇草夹子闭合得更紧。随后捕蝇草夹子的内表面上布满的分泌腺体会分泌消化液，逐渐消化掉被夹住的虫子。捕蝇草的消化液就像武侠小说中的化尸水，包括酸、蛋白酶、几丁质酶等，杀虫于无形。在捉到虫子后，捕蝇草分泌的消化液 pH 值比较低，所以这个绿色的监狱也被称作“外胃”。

过了几天之后，夹子打开，只留下一些被分解、吸收后的残骸。

吃饱了的夹子会长得更大，准备迎接新的猎物。这套武器不仅精巧、厉害，而且十分聪明，算是植物界中的智能化武器。比如在没有视觉信号的情况下，如何判断是猎物到来了，而不是自然界的风吹草动造成的虚假信号？如果随便什么动静都能造成触毛被触发、夹子奋力闭合，那么多半会扑个空，这不仅仅会消耗能量，更严重的是，这个巨大的夹子寿命有限，一生只能闭合有限次数，超过闭合次数后夹子就会枯萎死掉（具体次数还没有统一的说法，从几次到十几次，与植物生长状态关系很大）。捕蝇草演化出机敏的“智能触毛”解决了这个看似极其困难的问题，它的触毛在第一次触碰时不会引发夹子闭合，只有在连续触碰两次以上才会闭合。两片夹子中的三对、六根触毛具有等效的功能，任意两根触毛或者同一根触毛触碰两次以上就会引发夹子闭合，只要触碰间隔不超过 20 秒就可以。小虫子在夹子内部爬行中重复触碰，才引起闭合，大大降低了捕蝇草盲目出击的风险。这样精巧的武器让人不禁赞叹，弱小的食虫植物是如何做到的，食虫植物是如何区分触碰次数的，这些问题将在第四章再做详细讨论，在看似合理的解释下面，隐藏了更多的疑问。

从陆地到水中

捕蝇草不仅在陆地上对抗动物界，还有表亲在水中生活，捕捉水生生物，它就是貉藻（*Aldrovanda vesiculosa*）。只要把两种植物的叶放在一起，立刻就会兄弟相认，因为长得太像了，一看就是一家，虽然它们被分在不同的属。胡克曾邮寄给达尔文一些貉藻，达尔文在回信中说“这是水生捕蝇草”[3]。

貉藻这个词在中文中很不起眼，名不见经传，但是它的拉丁名可是大大地有名，而且还被写错了[4]。17 世纪末，貉藻在印度被发现。1747 年，一位得到貉藻标本的博物学家就把它命名为“Aldrovandia”，以此纪念伟大的意大利博洛尼亚博物学家乌利塞·阿尔德罗万迪（Ulisse Aldrovandia）。博洛尼亚大学是欧洲大学之母，历史最悠久，1888 年就庆祝了建校八百年。这位阿尔德罗万迪在 1561 年成为了博洛尼亚大学的“自然科学”教授，建立了欧洲最早的植物园——博洛尼亚植物园。连伟大的林奈和布丰都尊其为博物学之父。小小的貉藻沾了不少伟大博物学家的光。1751 年命名这件事被林奈的一位学生尚翁（Chenon）知道了，在著作中记录下来，但是他比较没头脑，把“Aldrovandia”抄成了“Aldrovanda”。在意大利语里“Aldrovandia”写作“Aldrovandi”。也就是说这位糊涂的学生漏掉了一个不该漏的字母“i”，留下了不该留的字母“a”（图 1-12）。

图 1-12　林奈的学生抄错了貉藻的意大利名字

1753年林奈出版的《植物种志》（*Species Plantarum*）把学生写错的名字收录进去，正式命名为*Aldrovanda vesiculosa*，“*vesiculosa*”是水泡的意思，从此将错就错了。

由于长期在水中生活，貉藻发展出了一些新的特征。最初种子萌发时还有根，随着不断的长大，它的根部死掉、脱落，之后的成体再也不长根了，因为不需要固着生长，也不需要从土壤中吸收水分，周围全都是水，所以根这个器官显得很多余，在长期的演化历程中逐渐退化。

貉藻叶片轮生，每一片叶子在叶柄末端除了长夹子以外，还有四到六根很长的刚毛（bristle），这个在捕蝇草中是没有的。夹子里也有触毛（部分文献中称为trigger hair），但不是三对触毛，而是成列排布，2～4列，最多有40根。触毛上有关节，在闭合的时候不会有折断的危险，在受到触碰时会引起夹子闭合。人们对于貉藻的闭合机制了解得比捕蝇草还少，貉藻与捕蝇草夹子捕虫闭合有一个明显的差别，就是貉藻闭合后夹子两边不再是圆鼓鼓的，而是一边凹陷，一边凸起（图1–13）。

在夹子的边缘最外一圈组织（narrow rim）向内窝回，在夹子闭合的时候起到封闭的作用，在这一圈的边缘上着生着很多小尖牙一样的凸起（marginal teeth），与捕蝇草的卫毛极其类似。但是达尔文认为这是两种完全不同的器官，他的理由是捕蝇草的卫毛是叶片的延伸，而貉藻的凸起是表皮毛，是表皮细胞特化而来的附属物，功能也大不一样。虽然达尔文是伟大的博物学家，但是我们也不可把达尔文对现象的解释，轻易地当作现象本身来看待，还是要自己亲自观察和思考一下，很可能达尔文也说错了。貉藻叶片边缘的凸起很像水中退化了的卫毛。整个叶片的细胞层数减少，逐渐变得轻薄，就像大多数的沉水植物一样，它们摆脱了干旱环境，不再需要厚厚的表皮保水。虽然变薄了，但是貉藻夹子的运动和捕虫能力丝毫不减。貉藻夹子的闭合速度像捕蝇草一样快，夹子变薄之后力气仍然很大。达尔文在《食虫植物》中记录了一个听来的故事：貉藻夹子逮到了个子比较大的甲壳类虫子，由于夹子挤得太紧，这些虫子排出了“香

图 1–13　水中的食虫植物貉藻

肠形状的排泄物”才得以逃脱。看来虫子被夹得不轻。

各个方面的形态特征都显示出貉藻和捕蝇草在演化上有密切关系，两种植物都能捕虫，但是分布的地点差别却很大，貉藻借“水遁”，北至丹麦、德国，南至澳大利亚，从俄罗斯到中国，很多地域都有分布，捕蝇草原产地仅限于美国的南卡罗来纳和北卡罗来纳沿海地带。但很不幸的是，过去几十年里，由于人类活动、环境污染等原因，无论捕蝇草还是貉藻，这些神奇的食虫植物都濒临灭绝。如果没有人来做比较全面的种质资源保护工作，这些植物很可能会最终无可挽回地绝迹。

2019 年，一个不好的“好消息”传来，据新闻报道，貉藻成为了纽约河流中的外来入侵物种。虽然在原生地逐渐消亡，貉藻却在其他水域找到了新的地盘。在中国黑龙江的某自然保护区也发现了大量貉藻，数量不断增长。貉藻对生存环境要求很高，又会反过来净化湿地的水体，是自然环境的天然指示标（图 1–14）。

图 1–14　黑龙江某自然保护区的貉藻

参考文献

[1] McPherson S. Carnivorous Plants and their Habitats Vol 1[M]. Dorset: Redfern Natural History Productions, 2010.

[2] Kreuzwieser J., et al. The Venus flytrap attracts insects by the release of volatile organic compounds. J Exp Bot[J]. 2014. 65(2): 755–66.

[3] 达尔文 . 达尔文生平及书信集：第 2 卷 [M]. 叶笃庄，孟光裕，译 . 北京：三联书店，1957: 525.

[4] Lloyd F.E. The Carnivorous Plant[M].Waltham: Chronica Botainica Company, 1942.

猪笼草

武器：
陷阱

第二章 2

在植物界，能够快速运动的幸运儿少而又少，大多数植物不能快速运动，因为受到细胞壁的束缚，如果没有特殊的结构，植物只能慢慢地动。在与动物的斗争中，能够快速运动的捕蝇草占了先机，但是其他植物也没有放弃抵抗，有些植物机智地创造了陷阱，应该说它们做得更加出色，其中的杰出代表就是猪笼草科、瓶子草科和少数凤梨科植物[1]。它们的共同特点是长了一个极其精巧的陷阱，可以引诱、滞留、消化掉捕获的猎物。猪笼草（图 2–1）和瓶子草的陷阱都长得像个水罐子，陷阱里真的有很多水，所以被称为“罐子植物(pitcher plant)”。(注：凤梨科的食虫植物，陷阱就显得比较简陋了，例如莲座叶卷曲，并不形成罐子。)

猪笼草的命名同捕蝇草一样，也是由伟大的瑞典植物学家林奈命名的，来源于荷马史诗《奥德赛》（图 2–2）。在此书中提到过一种神秘的、能使人遗忘悲伤的药物“Nepenthe”，林奈认为这种植物也有同样的功效，至少能让植物学家忘记忧伤，因为它太有意思了。

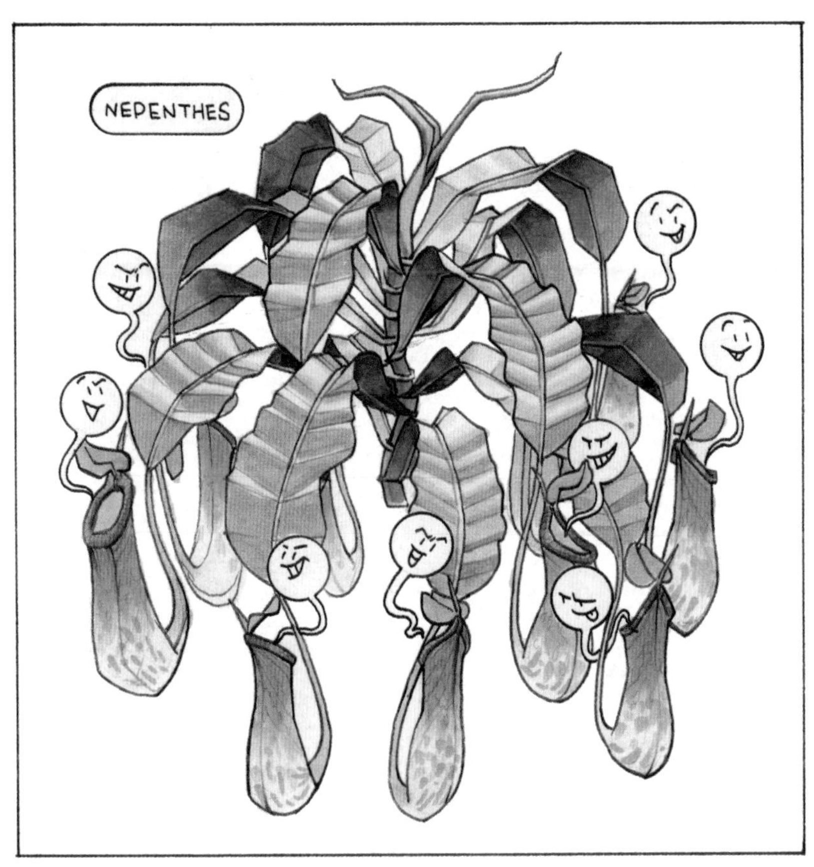

图 2–1 猪笼草的卡通形象

图 2-2 《奥德赛》第四章中提到，海伦把能够忘记忧愁的药水倒进酒里

上图左侧为《奥德赛》作者荷马，中间是奥德修斯，右边是宙斯的女儿海伦，希腊文Νηπενθές是Nepenthe的意思。

下图为林奈给猪笼草命名，取意忘记忧愁

猪笼草在英语世界中也有很多种名称：热带猪笼草（tropics pitcher plant）、亚洲猪笼草（Asian pitcher plant）、猴子杯（monkey cups，因为有人看见猴子用猪笼草的笼子饮水）。在中国也叫雷公壶、猪仔笼，最常用的名字还是大家熟知的猪笼草。下文主要介绍猪笼草属（*Nepenthes*），为了符合猪笼草的中文名字，就把“pitcher”暂且译为“笼子”了。一位叫作艾蒂安·德·弗拉古（Etienne de Flacourt）的法国殖民地长官，在1658年的著作中最先描述了一种马达加斯加猪笼草（*N. madagascariensis*）。由于猪笼草的样子太过特殊，人们对它有着各种误解（图2-3）。以前在南亚，一些居民认为谁倒出了猪笼草笼子里的液体，回家的路上就会被大雨

图2-3　南亚原住民传说弄洒了猪笼草瓶子中的液体，会被雨淋。如果当地干旱，居民也会洒猪笼草中的液体来求雨

淋；要是当地总不下雨，就有人会去山里把能找到的猪笼草都倒空，认为这样能求雨；谁家小孩总尿床，就找来还没打开盖子的猪笼草笼子，把里面的液体倒在小孩头上，并喝一些，就能够治好尿床。在马来西亚的马六甲，附近居民至今仍有用未打开的笼子中的液体洗眼睛治病的传统，或者涂在被感染的皮肤上，直到皮肤愈合。也有当地居民用猪笼草的笼子做容器蒸煮米饭（图 2-4），但是有些猪笼草种类属于保护生物，是禁止采摘的，如果到马来西亚旅行还是少吃猪笼草米饭的好，没有买卖就没啥杀害，更不要动心眼，试图偷偷采回来据为己有[1]。除了这些人类赋予的“神奇”功能外，笼子的功能还是捕虫。

图 2-4　东南亚原住民用猪笼草的笼子煮米饭

精致的陷阱

猪笼草叶片的大致形态可以分为两大部分，一部分是笼子（pitcher），另一部分是宽大的“叶片”（lamina）。两部分之间会有或长或短，或直或卷的卷须（tendril）连接。不同种笼子花纹和形状千差万别，有的很长，最大的笼子能有 30 ~ 40 厘米，比如马来王猪笼草（*Nepenthes rajalh*）、巨型猪笼草（*Nepenthes attenboroughii*）；也有体积大的，能装得下 2 ~ 3 升水。从名字上可以看出它们像什么，例如苹果猪笼草（*Nepenthes ampullaria*，原意为烧瓶），它的笼子像个圆苹果（图 2–5a）；马桶猪笼草（*Nepenthes jamban*，jamban 在印尼语中为马桶的意思）口极其宽大、下部狭窄，跟家里的马桶一模一样（图 2–5b）；还有二眼猪笼草（*Nepenthes reinwardtiana*），笼子内壁上长着两个圆点，就像一对眼睛。同一株猪笼草，在不同发育阶段长出的笼子形状可能相同，也可能不同，有时候甚至一种猪笼草长三种不同形态的笼子，分别称为 *mono-*，*di-*，*tri-morphic*。二型（dimorphic）猪笼草，就是我们常说的上位笼和下位笼。

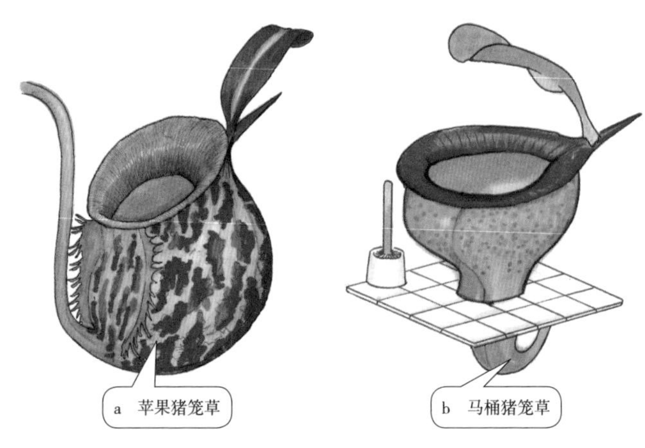

图 2–5 常见的猪笼草

无论外形是否相同，笼子都可以分成以下几个部分：刺（spur）、盖子（lid）、口缘（peristome）、笼身（pitcher）、翼（wing）以及各种附属结构（图 2–6）。这种三维的、精巧的结构在植物中实属罕见。猪笼草的陷阱为了吸引各路昆虫，可以称得上机关算尽，也有大型猪笼草能吃小型哺乳动物和爬行动物的。陷阱的精巧程度让人不由得赞叹不已，为了吃肉，实在是太下功夫了。

红瓶子猪笼草（*Nepenthes* x *ventrata*）结构特殊，这种猪笼草的翼已经极度退化，或仅留有很小的毛。

猪笼草从笼子的口缘处，就开始算计各种昆虫了。口缘处有半月形细胞，有规律地排列成脊（图 2–7a）；口缘下部还有很多蜜腺，分泌黏液，吸引昆虫采食（图 2–7b、c）。这类装修豪华的纹饰极其光滑，尤其在有液体的情况下，昆虫滑落容易，爬出去难。针对不同的昆虫，猪笼草设计了不同的策略。整个笼子的上半部，布满蜡质的晶体（图 2–7d），并且很不牢固。虫子如果用爪子去抓，就会掉进笼子的消化液中。有的昆虫爬行更多靠吸盘（adhesive pads），猪笼草利用环境中充足的水分湿润内壁，这样吸盘在一层水膜的内壁上也失效了，虫子更容易掉进陷阱。

关于猪笼草极其光滑的口缘，科学家做了很多研究，发现了很多惊人的内幕：猪笼草的口缘表面结构是人们已经找到的最厉害的表

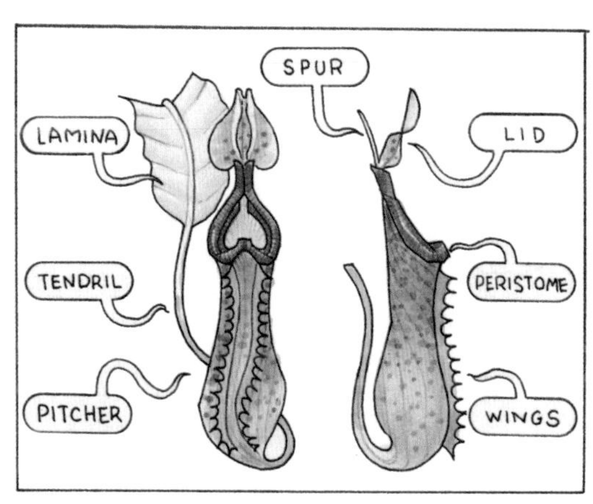

图 2–6 猪笼草的笼子结构

面结构，科学家给它起了个名字“SLIPS”（slippery liquid-infused porous surfaces，即光滑的液体注入型多孔表面）[2]。这层表面有很强的疏水功能，不仅针对水，还排斥各种黏稠的液体，比如血液、碳水化合物、天然的油脂，并且不易结冰。更神奇的是，这种表面结构有着很强的自我修复能力，在受到物理损伤后，能迅速恢复疏水特性，并且抗压可达 680 标准大气压。之前人们发现的荷花叶片表面疏水结

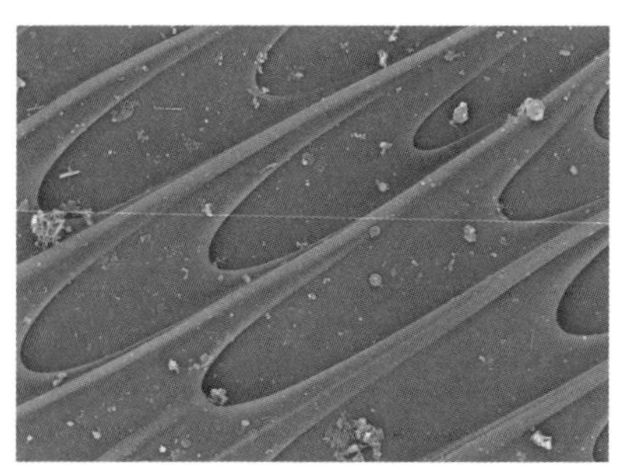

a　口缘表面结构极其光滑，这种特殊的纹理造成了液体的单向流动，在有水的情况下，虫子极易滑落

b　口缘内壁表面末端细节

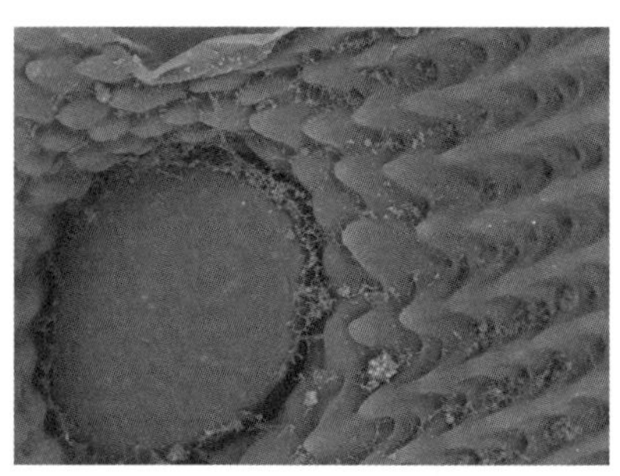

c　口缘内壁表面末端隐藏的腺体

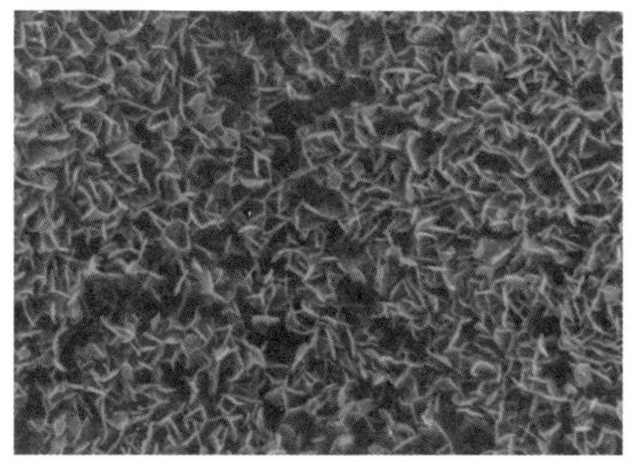

d　笼子内部：上部表面覆盖的蜡质

图 2-7　猪笼草各部位电镜照片

构，远不及猪笼草的强大，因为荷花叶片的表面结构不抗压、易损坏。2016年，科学家又进一步用数学化的语言解释了为什么猪笼草的口缘这么光滑，因为这层神奇的多孔表面结构能够单向运输液体，并且防止倒流[3]。面对这样深的猪笼草陷阱，大多数昆虫只能有去无回了。科学家开始脑洞大开地向猪笼草学习，把这种神奇的表面特性应用到很多方面，比如应用到输油管上；在航空器表面使用这种结构，还可以防止结冰；当然还有最常用的不粘锅涂层。华莱士、达尔文一代的博物学家可能没有想到现代人会从猪笼草身上学到这么多，看到这里的读者可以扩展脑洞，博物学结合现代科技，来改变我们的生活。

由于猪笼草大多生长在东南亚热带环境，雨水有的是，不过雨水太大了也很麻烦。首先会稀释笼子里的消化液，笼子里的液体盛满了，卷须就可能会支撑不住，使整个笼子倾倒，如果虫子还没有死，一场及时雨会解救它们，就像“泰坦尼克号”厨房里的龙虾一样，遇到了生命的奇迹。但是猪笼草早已看穿一切，一个大大的盖子罩在了笼子上面！通常雨水都会从边上流走，不会流进笼子里稀释消化液的，除非雨太大，打伞也没用了。不仅如此，雨点落在盖子上，除了发出叮咚声响，还有意想不到的好处。小猪笼草（*Nepenthes gracilis*）盖子下表面有半光滑的蜡质，下雨时雨点敲击盖子，会把扒在盖子下面的蚂蚁敲落，掉到笼子里面去，盖子下面的蚂蚁不小心就成了冤死鬼。英国剑桥大学的一群科学家模拟了干燥、下雨、湿润（雨后）环境下猪笼草不同部位对捕虫的贡献[4]。以蚂蚁为例，下雨时盖子下弄进去的蚂蚁最多，而雨后湿润情形下，笼子的口缘对捕虫贡献最大。与下雨或者雨后比起来，干燥时蚂蚁掉下去的很少。

但是蚂蚁为什么会躲在盖子下面，到其他地方去躲雨不行吗？剑桥的科学家们一定也想到了这个问题，他们惊奇地发现，小猪笼草跟其他猪笼草比起来，口缘处蜜腺分泌物差不多，但盖子下面的蜜腺分泌物显著高于其他猪笼草（图 2-8a）！原来是靠蜜来引诱蚂蚁到盖子下面，只等得借来一场大雨，蚂蚁就吃到了。人为财死，蚁为食亡，世上没有免费的午餐。

在马来西亚的加里曼丹北部，有种拉斐尔斯猪笼草（*Nepenthes rafflesiana*），黄绿色的笼子，内壁上没有蜡质覆盖，但是捕虫数量一点也不少！因为它分泌了极其黏稠的高分子聚合物消化液，这种消化液在被雨水大量稀释的情况下依然能够粘住落进来的虫子，使其难以挣脱，科学家已经开始动脑筋用这种天然的黏液来防治害虫了[5]。

一旦有猎物掉进笼子，内壁上无数的分泌腺体就会分泌酸（图

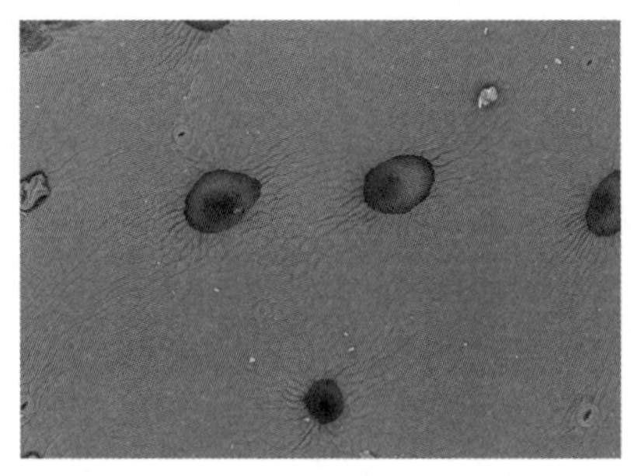

a　盖子下表面上分布的腺体

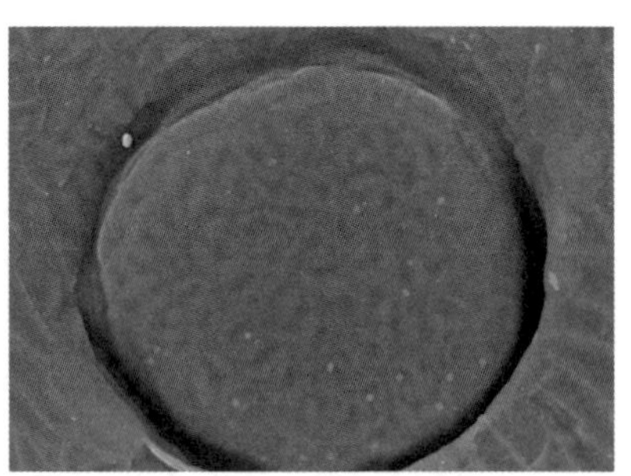

b　笼子内部：下部内壁上的消化腺

图 2-8　猪笼草盖子电镜照片

2–8b），整个消化液的 pH 值会很快下降（pH3.0），早期曾经有些博物学家做实验，说机械刺激会促进分泌酸，比如掉进来的猎物在挣扎的时候，人们用玻璃珠子在笼子里晃动来代替虫子，也能产生同样的效果。猪笼草的笼子就像一个冷酷残忍的墙壁，虫子绝望的挣扎只会换来更多酸性的分泌物，越挣扎被消化得越快（不过这类实验的重复性不是很好，并不是所有科学家的类似实验都能成功，有兴趣的读者可以自己试试看，验证一下）。新进来的猎物还会刺激腺体分泌更多的蛋白酶、几丁质酶，这些酶在笼子发育早期、未打开之前就已经分泌出来，但有些酶在未酸化的中性溶液中没有消化能力，需要酸性环境才能开始工作。除此以外，有些猪笼草还会在消化液中分泌麻醉剂（生物碱），让猎物失去挣扎反抗的能力。

猎物被引诱、陷落到笼子里，一场饕餮盛宴便开始了，这一池化尸水把猎物分解后，通过连接叶片的卷须运到全身各处，有虫子吃的猪笼草会长得更高大。

陷阱和蚂蚁

有没有觉得猪笼草心机太重了？这还只是开始。还是在加里曼丹岛的泥炭沼泽森林里，一种二齿猪笼草（*Nepenthes bicalcarata*）和弓背蚁（*Camponotus schmitzi*）形成了神奇的专性共生关系[6]。蚂蚁与植物形成共生关系倒不稀奇，蚂蚁通过很多方式跟植物互利共生。比如，蚂蚁赶走植物的寄生虫，或者搬走害虫在植物上产的卵。在以物种丰富著称的南美亚马孙雨林里就有这么一片“魔鬼森林”，除了一种叫毛赤杨（*Duroia hirsuta*）的树，什么都长不出来。原来是柠檬蚂蚁（*Myrmelachista schumanni*）和毛赤杨形成了共生关系，柠檬蚂蚁分泌蚁酸，杀死宿主以外的所有植物的叶子，导致在毛赤杨的领地，什么树都长不活，所以当地人称这片森林为魔鬼森林[7]。有的植物与蚂蚁关系太好了，自己的身体上有很多小孔，让蚂蚁安家落户。这类植物在生态学上称为喜蚁植物（myrmecophytes）。

但是猪笼草比较例外，猪笼草是吃虫子的，蚂蚁可是它最喜欢的菜。两个天生的冤家如何从相安无事，到最后不离不弃呢（图 2-9）？这个二齿猪笼草，先要说一下它的“二齿”，在盖子下面有两个长长的、像獠牙一样的凸起，样子十分凶险。看到二齿猪笼草的人都会有疑问，这两个獠牙是怎么长出来的呢？仔细观察一下，就会发现獠牙是位于盖子根部的口缘细胞极度伸长而形成的。像其他猪笼草一样，二齿猪笼草需要通过吃虫子补充氮元素，二齿猪笼草体形很大，内壁结构不光滑，内部消化液也不算强大（据说喜欢微酸环境的树蛙会在里面产卵），也不很黏稠，环境适宜得像昆虫的酒店。但是消化液还是具有消化能力的，无论是笼子液体里栖息的水生生物，还是爬进爬出的蚂蚁，为什么活着的虫子能够抵抗消化液，而死去的虫子就可以被二齿猪笼草消化吸收？这个问题在 1910 年，就已经困扰着众多博物学家了：“动物怎么能在消化液中生存”至今也没有很好的答案。当时人们提出过一些假说，猜测这些动物能够分泌一种抗胃蛋白酶蛋白，以抵抗猪笼草消化液；类似的观点还包括认为消化液中的蚊子幼虫组织里存在一些中性盐，能够抵御消化液。但是这些神秘的猜测都缺乏实验依据。这个问题很有挑战性，食虫植物爱好者们可以考虑研究一下。

不管出于什么样的共生机制，二齿猪笼草中各种条件都为弓背蚁的生存提供了方便，要不然弓背蚁自己就成为二齿猪笼草的美食了。

这里的环境太优越，以至于弓背蚁很少会离开笼子，到别的植物上走走。即使住在一起，如何说明是共生关系，而不是寄生呢？一开始科学家确实把弓背蚁当成寄生蚁，认为它们偷吃猪笼草陷阱中的猎物、采走猪笼草蜜腺的蜜。但是观察研究得久了，就会发现没有弓背蚁的二齿猪笼草长不高，而有弓背蚁的猪笼草长得较高，且叶片中氮元素含量也显著高于没有弓背蚁的植物。通过持续的拍摄观察，人们发现弓背蚁会猎杀二齿猪笼草笼子里的双翅目昆虫幼虫，在有弓背蚁的笼子里，这些苍蝇、蚊子的幼虫很难发育成熟、飞离看似不太危险的二齿猪笼草，所以大多死在里面了。另外弓背蚁还给二齿猪笼草打扫干净笼子内部，提高捕虫和消化效率。用同位素标记饲喂弓背蚁的实验也证实了氮元素可以从弓背蚁体内最终到达二齿猪笼草中，弓背蚁不光自己吃，也分给二齿猪笼草，至于怎么分的，读者们可以自己想象一下。二齿猪笼草像一家龙门客栈，这个黑店用看似宽松舒适的环境引诱众多双翅目的苍蝇、蚊子来住店、产卵，但是没有想到这里面有个负责“杀人越货”的客栈伙计弓背蚁，进来容易，出去就难了。

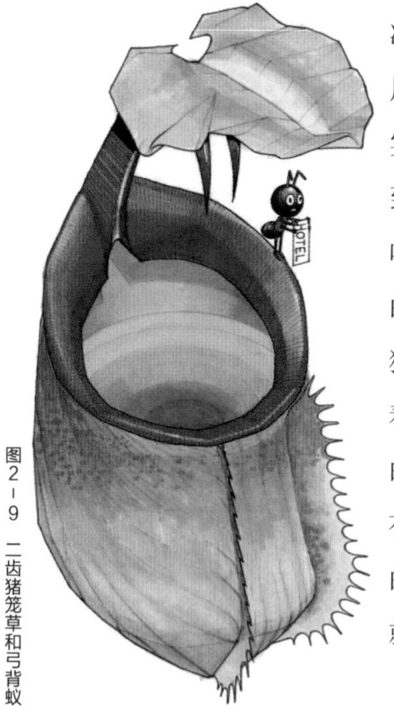

图2-9 二齿猪笼草和弓背蚁

陷阱和光

各种罐子植物挖空心思制造各种陷阱捕捉昆虫，无所不用其极，通过自身结构、代谢特征、共生生物捕虫等手段，最终目的只有一个：获得各种营养元素。除去这些手段，机智的罐子植物们还会利用另一种常见的环境因素来诱捕虫子——那就是光。例如马兜铃猪笼草（*Nepenthes aristolochioides*）、眼镜蛇瓶子草（*Darlingtonia californica*）、鹦鹉瓶子草（*Sarracenia psittacina*）、小瓶子草（*Sarracenia minor*）等[1]（图 2–10），这些分属不同科属的食虫植物具有一些共同的特征，那就是口小、肚子大：笼子的上部比较膨大，但是入口特别狭小，盖子形成宽大的翼盖住入口。笼子的上半部分都会形成很多白色或者半透明的斑块，这样光线就会照进笼子，使陷阱里面亮堂堂的。而口缘和盖子的下表面颜色较深、不透明，在笼子里面看起来很暗。这样猎物在艰难地爬进开口后，采集了蜜腺分泌的蜜，抬头一看前面亮堂堂："噢，朝前走，没错的。"像其他罐子植物一样，光滑、易进难出的陷阱保证这些具有向光性的昆虫有去无回。这是一个节能环保、利用太阳光捕虫的机制，看起来太巧妙了。

a　眼镜蛇瓶子草

b　小瓶子草

c　猩红瓶子草

d　鹦鹉瓶子草

图 2-10　利用光吸引昆虫的瓶子草

但奇怪的是，只有六种（不到 1%）食虫植物具有这项技能，这六个种分别属于四个不同的属，人们普遍认为它们是独立演化产生的[8]。这种精巧的环保型捕虫装置，其实更像个长得畸形的笼子，比如口小、肚子大，本来是不利于虫子进入的，一般罐子植物多是张着大嘴等着猎物来的，例如马桶猪笼草、紫瓶子草。像眼镜蛇瓶子草、鹦鹉瓶子草这样简直是要饿死的，而白色半透明的斑块，也像是得了局部的白化病，不能合成相应的色素，才出现一片片斑驳的区域，难保不会出现太多、太严重的白化位置，叶片无法进行正常的光合作用。但这两项不利的突变（也许还有更多的因素）凑在一起，却成就了另一套诱捕机制——光诱捕；还有一种说法，很多被诱捕昆虫对光亮不太敏感，所以吃这些虫子的食虫植物也就没有必要辛苦地演化出一套光诱捕的陷阱了，这是对光诱捕类食虫植物数量很少的一种解释。

考虑到很多昆虫是能看到紫外光的，一些瓶子草在笼子开口的内部反射紫外光，在开口的口缘、蜜腺处吸收紫外光，在昆虫看来反射的部分很亮，吸收的部分很黑，对紫外光敏感的昆虫就会爬到看起来很亮的笼子里去。罐子植物为各种昆虫想得太周全了。以上现象是一些罐子植物在光下出现的不同特征，而对这些现象的解释可以有很多种。食虫植物爱好者们可以思考和动手验证各种解释，不要轻易把科学家们对现象的解释当作现象本身看待。

先动脑，再动手

读者们对猪笼草的印象是否更深刻了？有没有想过为什么在很小的区域内，比如南亚的岛屿，猪笼草产生了这么多的种类，并且具有截然不同的捕虫机制？有兴趣的应该去猪笼草的生境实地考察一下。“常在江边站，就有望海心”，即使不能亲自去实地考察，还是有几位年轻的爱好者按捺不住好奇，开始了与自然的对话。

猪笼草费尽心机捕虫，主要是为了获得氮元素，因为土壤环境中氮元素缺乏。如果往笼子里添加含氮溶液，会让捕虫器官发育受到抑制，至少在紫瓶子草（*Sarracenia purpurea*）中是如此[9]。如果猪笼草获得了充足的氮元素，自然没有必要再去消耗能量构建复杂的陷阱，只需安静地长绿叶进行光合作用就好。猪笼草的笼子经常会有艳丽的花纹，不同种类差异很大，但是基本上人们会认同这样的观点：艳丽的颜色是为了模拟花的样子，吸引昆虫。德国和英国的两位博物学家还动手检验了一下，人工涂红的笼子比人工涂绿的笼子捕虫效率更高[10]。如果猪笼草不再需要通过捕虫来补充氮元素，它是否就不会再长花哨的笼子了？

为了验证这样的假说，几个年轻爱好者做了这样的实验：给生长状态相近的猪笼草土壤中持续添加硝酸铵溶液，补充氮元素。随着持续的浇灌，只浇水的猪笼草长出了又大又红的笼子（图 2-11）；浇灌硝酸铵的猪笼草，长出的笼子小而绿，而且硝酸铵浓度越高，长出

图 2-11　正常状况下的猪笼草会长出红色的瓶子

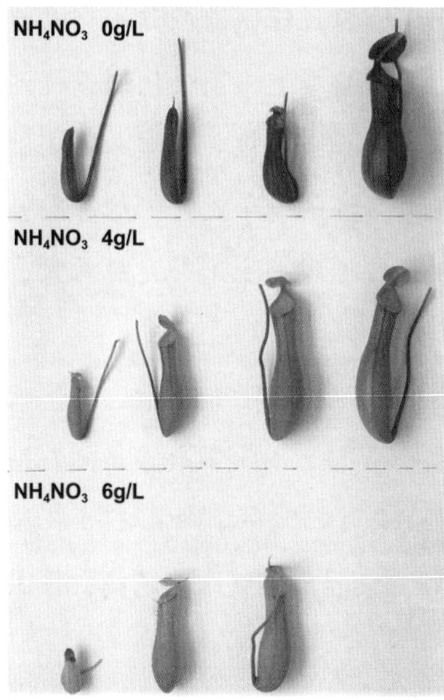

图 2-12 猪笼草施加氮元素后瓶子变绿

用氮元素处理猪笼草的实验，分别使用 0g/L（最上一排）、4g/L（中间一排）、6g/L（最下一排）浓度的硝酸铵（NH_4NO_3）溶液处理猪笼草，处理后新长出的瓶子外形发生了变化，随着浓度的增加，出现瓶子越来越小、颜色越来越绿的趋势。

来的笼子越小，并且绿色小笼子里分泌的消化液体积也小（图 2-12）。

实验结果是不是很符合以上理论呢？猪笼草靠根部获得了充足的氮元素后，自然没有必要消耗能量再去长出复杂的陷阱结构，只需要长绿叶进行光合作用就好，所以笼子小而绿；没有从土壤吸收氮元素机会的猪笼草只好去建造红色陷阱了。这些简单的实验结果与生物学家所做的小实验放在一起，很好地完善了猪笼草的颜色、捕虫、氮元素的获取三者之间的关系。

看到此处，各位食虫植物爱好者有没有自己动手验证的冲动？在这看似合理的解释中是否暗藏漏洞？有没有其他的可能性呢？永远不能把对现象的解释当作现象本身，可能还有更合理的解释等待你们去探索。

图 2-13　H. M. Schaefer 和 G. D. Ruxton 关于笼子颜色的研究

参考文献

[1] McPherson S. Carnivorous Plants and their Habitats Vol1[M]. Dorset: Redfern Natural History Productions, 2010.

[2] Wong T.S., et al. Bioinspired self-repairing slippery surfaces with pressure-stable omniphobicity. Nature[J]. 2011. 477(7365): 443-7.

[3] Huawei C., et al. Continuous directional water transport on the peristome surface of Nepenthes alata. Nature[J]. 2016. 532: 85-89.

[4] Bauer U., et al. With a flick of the lid: a novel trapping mechanism in Nepenthes gracilis pitcher plants. PLOS ONE[J]. 2012. 7(6): e38951.

[5] Gaume L., Y. Forterre. A viscoelastic deadly fluid in carnivorous pitcher plants. PLOS ONE[J]. 2007. 2(11): e1185.

[6] Scharmann M., et al. A novel type of nutritional ant–plant interaction: ant partners of carnivorous pitcher plants prevent nutrient export by dipteran pitcher infauna. PLOS ONE[J]. 2013. 8(5): p. e63556.

[7] Frederickson M.E., M.J. Greene. D.M. Gordon, Ecology: 'Devil's gardens' bedevilled by ants. Nature[J]. 2005. 437(7058): 495–6.

[8] Ellison A.M., Gotelli. N.J.Nitrogen availability alters the expression of carnivory in the northern pitcher plant, Sarracenia purpurea. Proc Natl Acad Sci U S A[J]. 2002. 99(7): 4409–12.

[9] Schaefer H.M., G.D. Ruxton. Fatal attraction: carnivorous plants roll out the red carpet to lure insects. Biol Letters[J]. 2008. 4(2): 153–5.

茅膏菜

武器：
黏液

第三章 3

花费能量制造一个大个儿并且装修豪华的陷阱，不是每一种植物都能负担得起的。一些小型的食虫植物，整株个头远不及猪笼草的陷阱大，在与昆虫的战争中想要胜出，就要另寻出路了。茅膏菜找到了更适合自己的武器——黏液[注：茅膏菜科植物中还包括露松属（*Drosophyllum*）、穗叶藤属（*Triphyophyllum*），本书中仅以研究最为广泛的茅膏菜属植物为例]。最早在12世纪的意大利萨莱诺，由马修斯·普拉提瑞斯（Matthaeus Platearius）记载了茅膏菜这种神奇的植物，把它称作"herba sole"，意思是太阳的植物（图3-1）。

13世纪时，茅膏菜已经被炼金术士用来治疗疾病，它被越来越多的人熟知，也引起了各种误解。由于人们错把茅膏菜分泌的黏

图 3-1 意大利传教士马修斯最早记录了茅膏菜

液当成叶片上聚集的露珠，认为茅膏菜在太阳下也能收集露水，本领很神奇（一般露水在日出之后就散去了），就给它起了现在的英文名“Sundew”（太阳的露珠）[1]（图 3-2）。很可惜这颗晶莹的露珠真正的功能并未被发现，即使有些人已经注意到了露珠上粘着一些小东西（图 3-3）。当初的发现者们动手研究的意识不够强，其实只要他

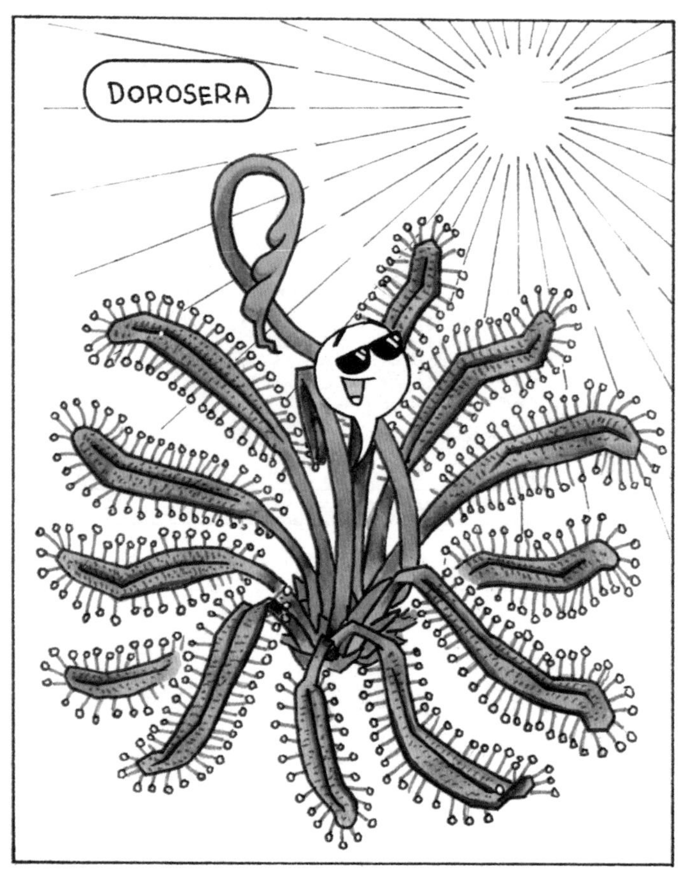

图 3-2 茅膏菜卡通形象

们触碰一下晶莹剔透的“露珠”，就会发现这绝对不是水珠，因为太黏稠了。虽然不是太阳下聚集的露珠，不过茅膏菜的“露珠”的确跟太阳有莫大的干系，这个几百年前的误会，在今天又有了新的解释，复兴了古老的传说，感兴趣的读者们可在第六章来一探究竟。

虽然发现了很多不同种的茅膏菜，但是人们没能很快找到其中的共性，直到 1753 年，林奈发表大作《植物种志》，记录了五种茅膏菜，才为它们建立了一个属，从此茅膏菜一家团聚［到现在，茅膏菜属已经有了 194 个种（部分见图 3-4a 至 p）］。

虽然林奈了解很多最新的、直接的食虫植物信息，但是由于笃信宗教，林奈坚决反对任何植物吃动物的观点，认为这是亵渎上帝[2, 3]。

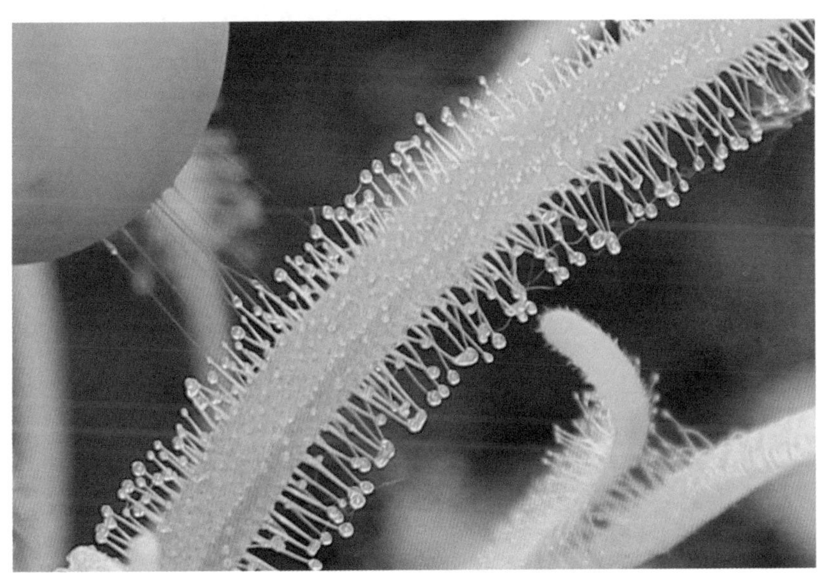

图 3-3　黏液腺分泌的黏稠液体

a 好望角茅膏菜

b 好望角茅膏菜局部

c 叉叶茅膏菜

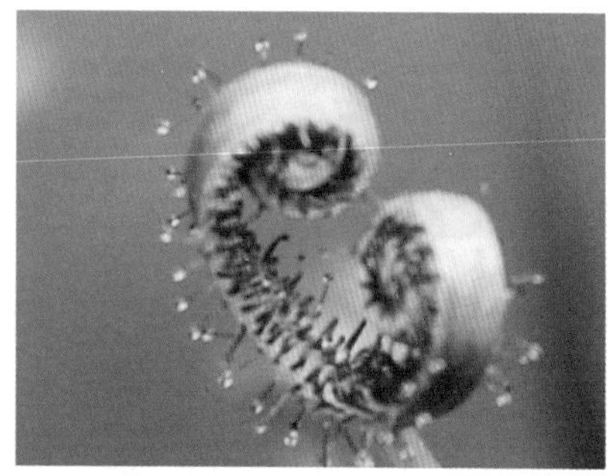
d 叉叶茅膏菜局部

e 孔雀茅膏菜

f 孔雀茅膏菜局部

图 3-4 各类茅膏菜

g　丝叶茅膏菜

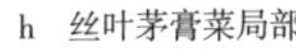

h　丝叶茅膏菜局部

i　爱心茅膏菜

j　爱心茅膏菜局部

k　斯氏茅膏菜

l　斯氏茅膏菜局部

m　美丽茅膏菜

n　马达加斯加茅膏菜

o　勺叶茅膏菜

p　阿帝露茅膏菜

茅膏菜以及其他食虫植物能吃肉的这件事一直被这位博物学的权威否定，由于林奈是划时代的大学问家，他的观点也被其他人盲从。到了1779年，阿尔布雷克特·罗特（Albercht Roth）最先描述了茅膏菜叶片运动（图3-5），他用镊子夹着蚂蚁放在黏液上，在不触动叶片情况下，叶片会弯曲180度包裹住蚂蚁，由此他认为茅膏菜和捕蝇草一样，具有运动能力。

达尔文的爷爷伊拉莫斯·达尔文已经了解茅膏菜捕虫、运动的特征，在1791年的诗歌作品中把茅膏菜称作“fly-trap”[3]。之后的百年间，由于猪笼草、瓶子草、捕蝇草的大发现，人们多少有些忽略了茅膏菜，

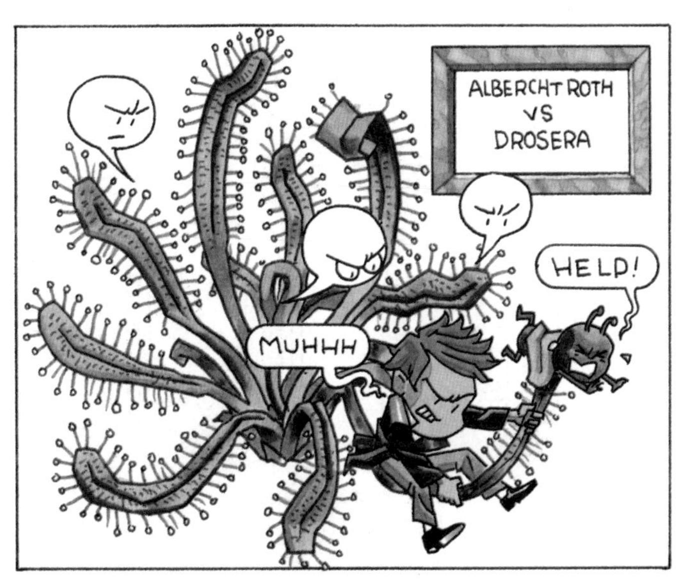

图3-5　罗特在著作中描述了茅膏菜的运动

毕竟捕蝇草运动得更快，猪笼草的笼子更加怪异，视觉效果都比茅膏菜更炫一些，其实在现代显微镜拍摄的镜头下，茅膏菜的捕虫运动也是很惊人的。

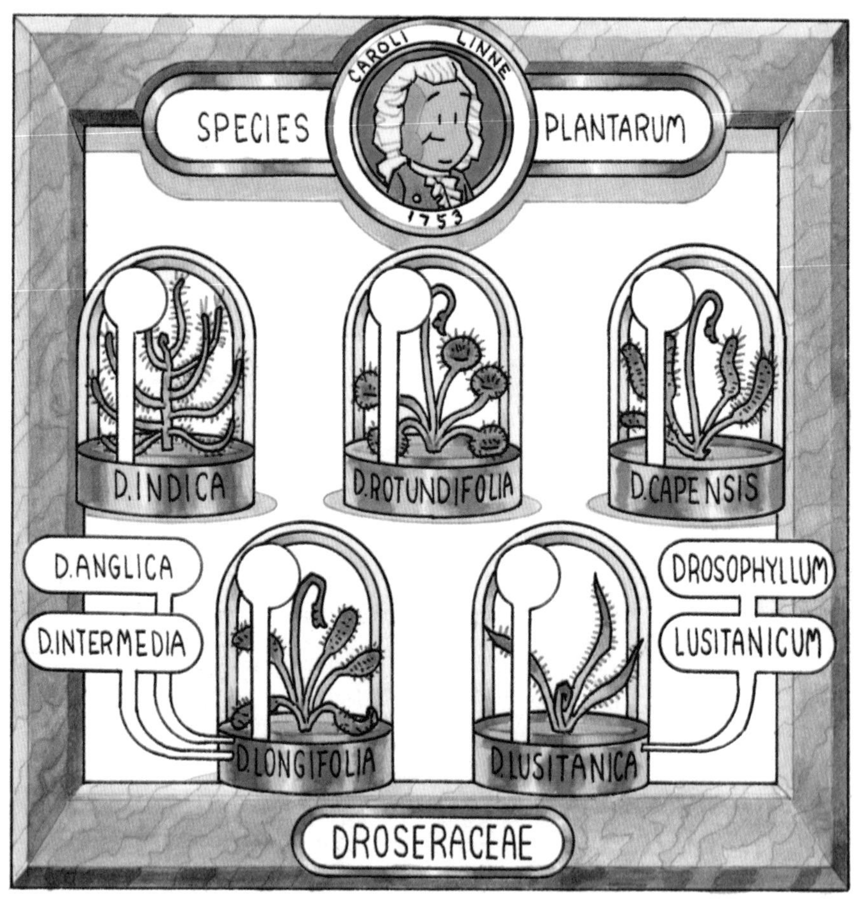

图 3-6　林奈在 1753 年《植物种志》中记载了五种茅膏菜

达尔文的最爱

1860 年，达尔文在英格兰南部苏塞克斯郡（Sussex）的郊野遇到了茅膏菜，一见倾心，随后开始了长达 16 年的研究工作，虽然中间由于各种原因被迫中断，但是达尔文一直没有停止对茅膏菜的思考。

在 19 世纪之前，由于缺少直接、严谨的证据，大多数学者还是不相信植物能够吃动物，不相信“没有嘴也能够吃，没有胃也能够消化”。所以在达尔文父子最初细致地研究食虫植物的时候，遇到了不少反对意见，人们不相信食虫植物的存在。达尔文父子用“达尔文式的研究”对不同种茅膏菜的运动、捕虫机制进行了大量细致入微的分析（图 3–7），充分

图 3-7　达尔文父子在位于肯特郡的温室中做实验

证实了圆叶茅膏菜（*Drosera rotundifolia*）具有捕捉、消化昆虫的能力。他们对不同种类的茅膏菜进行饲喂肉和不饲喂肉的对比实验，结果显示肉食对于茅膏菜的生长发育、开花、繁殖具有明显的促进作用。饲喂肉的茅膏菜不仅植株重量大，而且结的种子又多又大，这类结果也被同时代的许多博物学家所验证，其中一位学者使用种子萌发的茅膏菜进行饲喂实验，称量结荚果的重量，喂虫子的茅膏菜比不喂的多出 5 倍[4]。从这些结果也可看出来，能捕到虫子对于食虫植物来说是多么重要的一件事。不过即使在达尔文父子做了无比详尽的实验证实之后，依然有人坚持反对意见。所以科学研究的过程并非数据积累、逐步上升的线性发展，往往是一种观念代替另一种，需要推倒已经成为范式的旧有观念，建立起新的观念，而知识的积累在这其中并不是最重要的。达尔文既未被当时的权威所束缚，也不固执自己的观念，一生保持着活跃而开放的思维。因此达尔文在晚年（1875 年）出版了又一巨著《食虫植物》，“植物可以吃虫”这个颠覆世人观念的现象终被证实，虽然不及他的《物种起源》和哥白尼的《天球运行论》震撼人心，但是对于众多博物爱好者、园艺爱好者来说是多么令人激动的“小事件”（图 3-8）。

图 3-8　达尔文与哥白尼

达尔文式的研究

茅膏菜的叶片可以大致分为两个区域：长黏液腺的区域和不长黏液腺的区域。有些品种里面这种区域划分明显（图 3–9a、b），比如达尔文使用的圆叶茅膏菜（*Drosera rotundifolia*）、孔雀茅膏菜（*Drosera paradoxa*）和好望角茅膏菜（*Drosera capensis*）；而有的品种则整个叶片长满了能分泌黏液的腺体，比如阿帝露茅膏菜（*Drosera adelae*）、丝叶茅膏菜（*Drosera filiformis*）。分泌腺又由两部分组成：圆圆的头部和一个连在叶片表面细长的基部（图 3–9c、d）。头部负责分泌黏液，长柄状基部可以发生弯曲运动。

这些分泌腺会分泌出极其黏稠的黏液，轻松粘住各种来访的昆虫。昆虫的挣扎会刺

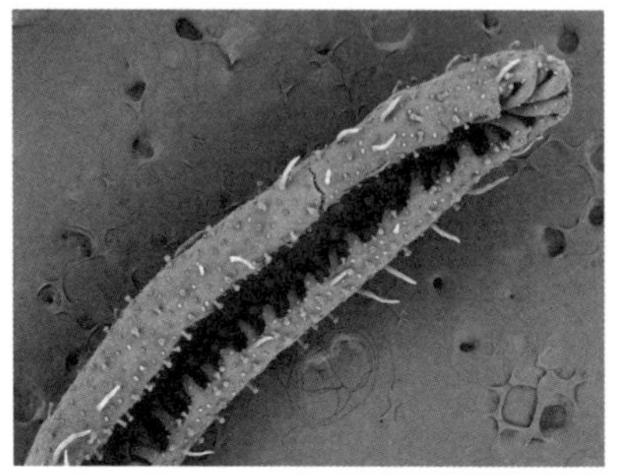

a　未展开的好望角茅膏菜叶片

b　展开的好望角茅膏菜叶片

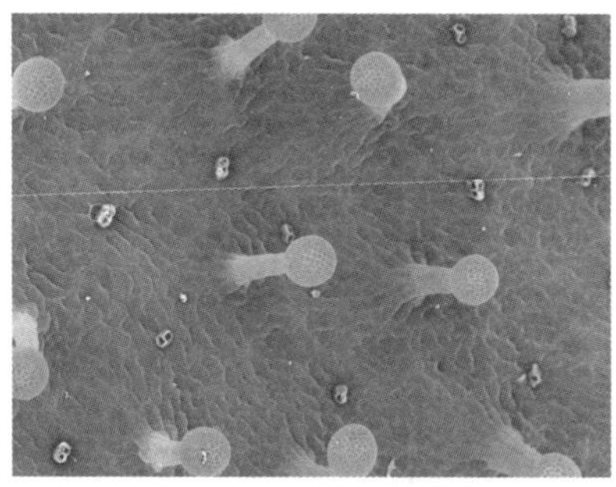

c　好望角茅膏菜黏液腺

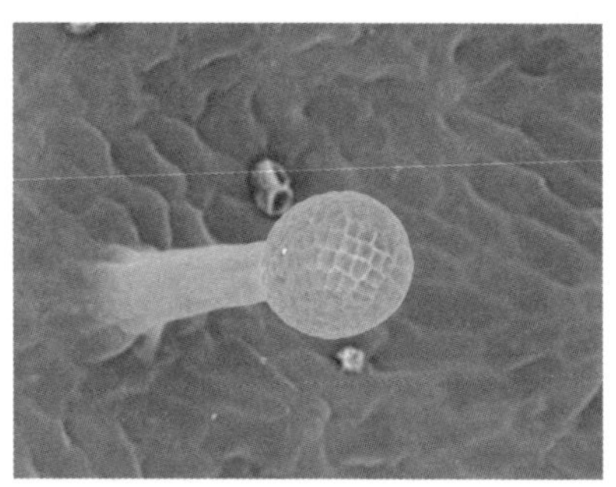

d　好望角茅膏菜黏液腺

e　好望角茅膏菜的腺体在粘到虫子后，其他腺体也都涌向猎物，叶片发生卷曲

f　叉叶茅膏菜捉到虫子，其叶片不会弯曲，只有腺体才能运动

图 3-9　茅膏菜的黏液腺

激黏液腺体，引起黏液腺向猎物弯曲，或者叶片卷起来（例如好望角茅膏菜），整个叶片把困住的昆虫紧密地包裹起来（图 3–9e、f）。由于叶片上会分泌各种消化液，人们把它称作“外胃”。被困住的昆虫逐渐被分解消化，经过一段时间（从几小时到几天不等）后叶片会再次伸展，留下一些残骸。而有些茅膏菜只有黏液腺可以发生向猎物的运动，整个叶片则不会动（例如叉叶茅膏菜）。

达尔文极力想搞清楚什么物质能够引起腺体的运动，他用肉屑、死苍蝇、纸屑、木头、干苔藓、干草、软木、棉絮、线绳、头发、煤砟子、玻璃碴儿、石子、金箔（达尔文和妻子都很有钱，继承了大笔的遗产）分别进行了实验。这就是“达尔文式的研究”，考虑周全、内容广泛，不怕繁琐、思路清晰。用各类性质的固体去触碰圆叶茅膏菜腺体头部，都会引起腺体柄部的弯曲，达尔文认为：“凡含可溶性物质的颗粒被放在腺体上，常使触毛在一至五分钟内开始弯曲，而不含可溶性物质的颗粒所需的反应时间要长很多。”定性实验之后，达尔文最关心的是定量的问题，分泌腺体极其灵敏，很轻微的东西接触到腺体都会引起腺体运动，具体灵敏到什么程度呢？达尔文又进行了“达尔文式的研究”，他去英国皇家化学学会（图 3–10），用当时全英国精度最高的度量仪器，定量分析物体重量，他剪出了 0.0018 英寸的头发、0.002 英寸的棉线，连石灰石颗粒都用上了，这些微小的物体依然会让腺体把压力信号转化为其他信号，引起柄部的弯曲，并且能够将信号再传到其他未被触碰的腺体，其他腺体也会朝这边弯曲。茅膏菜还能够分辨出极低量的铵盐（2.16×10^{-6}

图 3-10　达尔文去英国皇家化学学会

毫克），并引起叶片卷曲。达尔文坦诚地讲，“这个极限是什么，我不知道”，所以在给朋友的信中，达尔文称其为“第一流的化学家”，严谨的达尔文父子生怕这样微量的实验会出错，前后反复验证了好几年，并希望更多人能够重复他们的实验[4]。

茅膏菜的叶片弯曲与捕蝇草的快速运动有很大差别：茅膏菜捕虫动作慢，反应时间从十几分钟到几个小时，叶片才能完成弯曲动作，与捕蝇草的毫秒运动速度不能相提并论。尤其重要的是，捕蝇草感受的刺激是短暂触碰刺激，对持续压力不响应；而茅膏菜的腺体对微小的触碰刺激并无反应，它会对持续的压力产生反应，哪怕这种压力极其微小，也能引起腺体的弯曲。动物细胞具有不同类型的压力、触觉感受器，而植物是如何分辨不同类型的机械刺激的呢？现在还完全没有头绪，很可能是完全不同的反应机制。不过达尔文对捕蝇草、茅膏菜感受刺激类型的差异给出了很睿智的回答[4]：

毛毡苔（茅膏菜）腺体和捕蝇草刚毛之间在敏感性上这种特殊的本质差别，显然与它们的习性有关：一只小小的昆虫以它纤细的脚踏在毛毡苔腺体上，就会被黏液粘住，轻微而持续的压力发出信号报告来临的食饵，后来就由触毛的缓慢动作逮住。捕蝇草的敏感触毛不黏稠，捕捉昆虫只能靠对短暂触动的机械敏感性，继之以叶瓣的迅速闭合。

达尔文的研究为食虫植物的世界照进了光亮，而神奇的茅膏菜也给达尔文带来了极大的乐趣。达尔文在给朋友的信中说道：“最近我过着可耻的悠闲生活，只观察而不写作，观察比写作有趣多了。”这里面所说的“观察”就是指观察茅膏菜[5]。达尔文对茅膏菜起源问题的关注，也超过了对其他生物的关注。他的妻子在给朋友的信中说：“他（达尔文）把茅膏菜当作活的，我猜他最后会证实茅膏菜是个动物。”达尔文在给他的好朋友、美国植物学家阿萨·格雷的信中也说：“茅膏菜是极其聪明的动物，我得全力保护茅膏菜，直到我离开人世。”[3]（图 3–11）

图 3–11 达尔文在书房中写信给美国植物学家阿萨·格雷

如何更机智地捕虫

快速运动、陷阱、黏液三种类型的武器代表了食虫植物的三种主要策略（图 3–12）。但是大自然的神奇总是超过人的想象，不断给我们带来新的惊喜。有些食虫植物在与昆虫的斗争中，不大满足消极的固守，除了依靠颜色、气味等传统手段吸引猎物之外，在澳大利亚的南部出现了一种兼具快速运动和黏液腺的茅膏菜——橡子茅膏菜（*Drosera glanduligera*）[6]。这种茅膏菜不满足在自己占领的空间守株待兔，还向四周伸出很多触手，这些触手非常不一般，没有黏液，在细长触手中间的位置，有能够快速收缩的细胞，被称作铰链区；触手顶端是感受刺激的头部，这些触手就像猎人设下的圈套，如果一只苍蝇路过，不小心踩在触手的顶端，触手就会像捕蝇草的夹子一样，以迅雷不及掩耳之势向植物中央的方向猛地一掀。这时候，可怜的苍蝇就被抛向了空中，朝植物中间飞去。苍蝇落下的时候，等候它的是一丛长着密密麻麻黏液腺的叶片。苍蝇落在黏液腺上就再也逃不脱了，就像普通茅膏菜那样，叶片发生卷曲，更多的黏液腺从四面八方涌来，包裹住苍蝇，消化吸收掉它。就这样，过路的苍蝇被茅膏菜吃掉了。这种橡子茅膏菜集合了黏液和快速运动两种武器，触手的运动速度惊人，达到了 75 毫秒，超过了捕蝇草夹子，使得橡子茅膏菜更有效地、近乎主动地捕猎昆虫了。幸好这种植物的个头不是很大，不然它们会捕捉更大的动物了。但是很可惜，由于用力过猛，触手的铰链区细胞收缩之后就不能再工作了，只能抛射一次。此时读者们一定在想：这么厉害的武器只能用一次略显可惜，要是能反复使用该多好。确有一些茅膏菜的触手可以反复使用，比如俾格米茅膏菜（*Drosera pygmaea*），它的触手在被触发一次后，过一两日还会打开，再次使用，但是激活它需要触碰不止一次，机制与捕蝇草夹子类似[7]。这类快速运动的触手头部有个很有趣的现象，科学家在做触碰实验的时候，本以为会很难做，茅膏菜触手极其细小，比捕蝇草夹子要小很多，触手头部直径只有 100 微米，而且非常敏感。他们将含有可溶性蛋白质的鱼食放在上面时，居然很容易放在触手头部，并且掉不下来。再用活的、极小的跳虫做实验，跳虫能够一直被粘在触手的头部，无法逃脱。触手头部是干燥的，没有黏液，所以科学家猜测可能是静电吸引，让小虫子跑不掉。他们认为这是值得继续探究的方向：静电吸引捕捉昆虫。看来《X 战警》中的万磁王不是空穴来风，没准就要实现了。

食虫植物还有很多神奇而又有趣的现象，不同类型的捕虫方式还有更多的组合类型，无数问题留给了人们去破解，只要有热爱自然的眼睛和勤于思考的头脑，人人都可以成为达尔文。

图 3-12 食虫植物的三种武器

参考文献

[1] McPherson S. Carnivorous Plants and their Habitats Vol 2[M].Dorset:Redfern Natural History Productions, 2010.

[2] Lloyd F.E. The Carnivorous Plant[M]. Waltham: Chronica Botainica Company, 1942.

[3] McPherson, S. Carnivorous Plants and their Habitats Vol 1[M]. Dorset: Redfern Natural History Productions, 2010.

[4] 达尔文 . 食虫植物 [M]. 石声汉，译 . 北京：北京大学出版社 , 2014.

[5] 达尔文 . F. 达尔文生平及书信集：第 2 卷 [M]. 叶笃庄，孟光裕，译 . 上海：三联书店 , 1957.

[6] Poppinga S., et al. Catapulting tentacles in a

sticky carnivorous plant. PLOS ONE[J]. 2012. 7(9): e45735.

[7] Hartmeyer S.R.H.H.I. Several pygmy Sundew species possess catapult-flypaper traps with repetitive function, indicating a possible evolutionary change into aquatic snap traps similar to Aldrovanda. Carnivorous Plant Newsletter[J]. Journal of the International Carnivorous Plant Society, 2015. Vol 44, No. 4 December 2015.

植物算数

第四章 4

植物如何算数？

植物和动物的区别有很多，比如植物绝大多数能通过光合作用进行自养（除了寄生植物，例如菟丝子），动物一般不能自养（一些单细胞生物除外）；多细胞动物绝大多数有或多或少的、或发达或简单的神经系统，而植物则完全没有“神经细胞”。所以，人们不会认为植物具有思考能力，更不要说有计算能力了，因为植物完全没有发挥这类功能的结构基础。

也许人的观念太狭隘了，或者植物太过聪明，事实上植物是能够以另外一种方式来算数的，精确度还不低。研究比较充分的案例是植物的春化作用（vernalization）。一些生长在北方的植物，比如冬小麦、大麦，它们待萌发的种子（感受低温的部位在顶端的幼叶）需要在冬季经历一段低温过程的磨炼，这样才可以在第二年春季开花结果。植物“春化”的本意是在没有眼睛也没有日历的情况下,要知道自己身处何时。如果经历过一段持续的低温，那就说明冬天已经过去了，再遇到温暖潮湿的春季，就可以放心大胆地生长、开花、结果。这时候有更多的、更适合的传粉者，温度也不太高，比较敏感的花器官可以免受夏季高温、干旱的摧残。

这类植物冬季开始生长的特点在生产实践中逐渐被人们掌握。原苏联地区，冬天经常是极其恐怖的。在冬季播种的冬小麦，幼苗会被冻死不少，而春季播种，冬小麦没有经过冬季低温处理，又不能适时地开花结果，也会减产。1928 年，机智的苏联人想出了个办法，用少量的水浸泡一下谷物种子（50 份的水：100 份的干种子），然后在室内低温处理种子，等春季时再去地里播种。室内人工低温处理过的种子只萌发一点点，外表看不出来什么变化，这样的幼苗仍可以用播种机进行机械化大规模种植。这样冬季性谷物就能够像春季谷物（俄语为 Jarovoe）一样生长了，苏联科学家李森科给这种处理起名叫作“jarovization”，意思就是“使之春季谷物化”[1]。随后春化这个术语被翻译为各种语言，用了拉丁化的名称“vernalization”，拉丁语“vernum”就是春天的意思。现在人们已经充分了解春化的机制了，简单来讲是有些关键的基因具有抑制开花的功能，在种子中便开始发挥很强的作用，可以抑制植物开花。在低温过程中，通过改变植物染色体的状态，逐渐关闭了这些“抑制基因”，让植物在适当的时机能够开花。抑制效果被低温一点点去除，逐步实现开花，这种植物对周期性季节变化的感应机制像极了沙漏（图 4-1）。

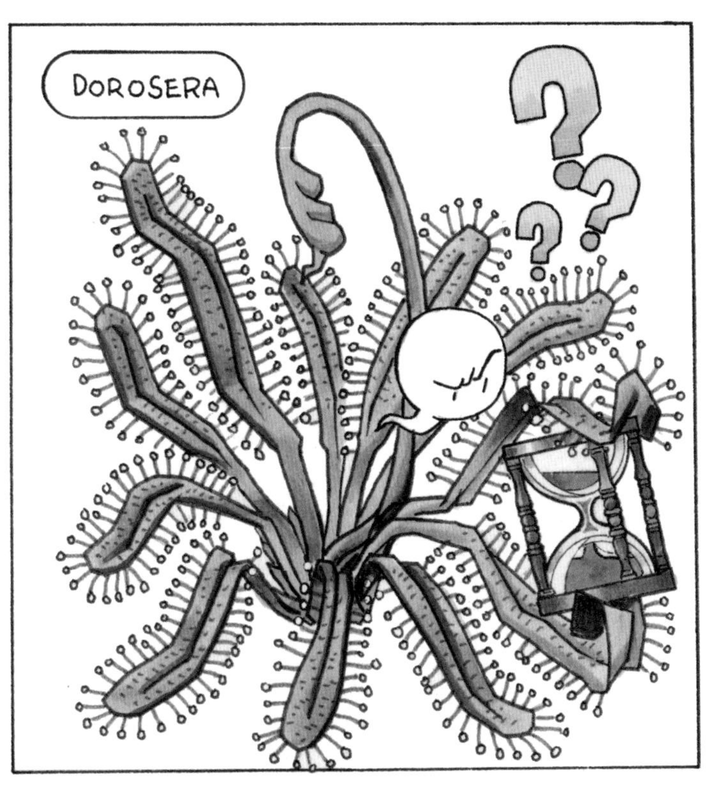

图 4-1 茅膏菜与沙漏

捕蝇草精确算数

如果春化这种计算方式还显得不那么精准，捕蝇草算数的准确程度就会让人大跌眼镜，因为它能区分“1”和“2”的差别，要连续触碰两次触毛才引发夹子闭合。从发现捕蝇草之日起，一直到今天，捕蝇草如何能够捕虫的问题一直都吸引着博物学家和各类爱好者，达尔文评价捕蝇草是“世界上最有意思的事情之一”，要注意达尔文说的不仅仅是植物，可是“世间所有”。但是时间过去了两百年，捕蝇草闭合的机制还是没有让人满意的答案，没有神经细胞的植物如何算数呢？所有功能的实现，都要依赖特定的结构基础。先来看看捕蝇草的构造。

捕蝇草的夹子，每一片内侧都长着三根触毛，这个毛的名字有叫触毛的，也有叫触发毛的，呈倒三角分布（图 4-2）。两片夹子的触毛基本上是对称生长。这些触毛是表皮细胞特化而成，样子非常奇特，像一把尖尖的锥子。触动这些触毛，会把机械刺激信号传入到叶片里，引起叶片的快速闭合，捕蝇草将猎物夹住之后会分泌消化液分解猎物，把它“吃”掉。闭合的速度很快，一般可以在 100 毫秒内完成。在植物界算是最快的运动之一了。

a　捕蝇草叶片扫描电镜（图中白色箭头所指为捕蝇草触毛）

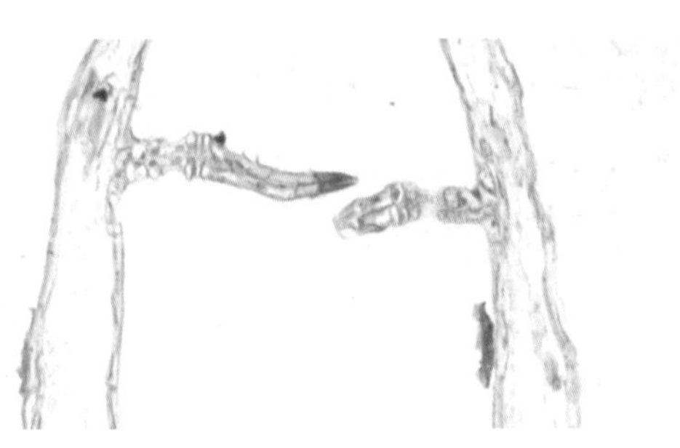

b　捕蝇草触毛的石蜡切片

图 4-2　捕蝇草的触毛

精确计数这个神奇的功能在捕蝇草被发现之初，就引起了博物学家的注意。比如捕蝇草命名者——伦敦商人艾利斯就认为是昆虫在爬行时，昆虫的足刺激了夹子内表面的腺体而引起闭合。1843 年，已经有博物学家准确地描述了触碰触毛可以引起闭合，但是那时候人们认为触碰一次即可闭合[2, 3]。当然也曾有过比较糊涂的观点，有人认为捕蝇草夹子的闭合是周期性的，产生这样错觉的原因，可能是所观察的捕蝇草夹子闭合速度非常慢，慢得不像能捕到虫子，更像是植物中普遍存在的生物钟节律现象，比如植物的子叶、叶片在一天中会做周期性的上下摆动，非常缓慢。而捕蝇草夹子闭合速度慢的原因，可能是当时所观察的植物生长状态不大好。

随后达尔文、约翰·桑德森（John Scott Burdon-Sanderson，1828—1905）等科学家分别研究了捕蝇草的闭合现象。人们搞清楚了无论是触碰两根触毛，还是触碰同一根触毛两次都可以引起闭合，只要刺激的间隔在 0.75 ~ 20 秒之间即可。达尔文的实验数量较大，除了日常记录，他还记录了一些例外的情况，比如有些捕蝇草需要触碰三次以上才能引起闭合，但是限于实验条件和当时的局限，达尔文没能得出规律性的总结。但是，同时期其他博物学家发现温度对捕蝇草算数影响很大，总的趋势是温度低时需要至少两次触碰，而高温（35 ~ 40℃）时触碰一次就够了。关于触碰次数或者捕蝇草算数的研究一直延续到了现代，人们发现有更多的环境因素会影响引起闭合的触碰次数，后面我们会再次提到。总之，捕蝇草不仅会分辨“1”和“2”，还会做加减法。

图 4-3　1910 年威廉 · 布朗和莱斯特 · 夏普用捕蝇草进行电生理实验

在达尔文的号召和影响之下，电生理学家桑德森在 1873 年最先用捕蝇草开展了植物电生理研究 [4]。当苍蝇在捕蝇草夹子中爬行的时候，如果触碰到触毛，就能记录到从叶柄到夹子的电流，此时电流计的指针发生了明显偏转。那时候在动物中开展电生理研究是很常见的，但在木讷的植物体内存在快速的电流，还是很令人震惊的。1910 年，威廉 · 布朗（William H. Brown）和莱斯特 · 夏普（Lester W. Sharp）在不触碰触毛的情况下，应用电刺激引起了夹子的闭合 [5]（图 4-3）。

几位科学家不懈的努力，向人们展示了神奇的捕蝇草把机械刺激转化为电信号、引起夹子闭合的机制。捕蝇草区分触碰次数的难题似乎就要解开了，用电信号来计数听起来比较好理解。

但是科学的历程总是这样峰回路转，大自然直白而又公开地展现在人的眼前，但是人并不能一下子洞悉其中的奥秘，即便有了实验这个看似终极的武器。我们总习惯于认为做了实验一切就该真相大白，但是实际情况并非这么简单。在随后的一百多年间，人们越来越多地发现前辈们开创的植物电生理研究存在很多问题，得出的实验结果是靠不住的！科学终归是理性思维的产物，实验是人们为理性思考提供参照的手段，实验本身不会自动告诉我们结论。我们还须谨慎思考，不能把实验结果、科学家对自然现象的解释当作终极结论或者现象本身来看待，那样科学与迷信就没有区别了。那么关于捕蝇草看似合理的电生理实验存在什么问题呢？

一部分原因是时代的局限，另一部分原因是捕蝇草或者说植物比较复杂，虽然植物看起来比较呆。首先，由于植物没有专门的神经细胞，叶片内部组织分化各异，测得的电生理信号是比较混杂的结果，不像动物有神经细胞，尤其是像大西洋乌贼这样的生物，有巨大的神经元细胞可供电极插入，科学家可以在单细胞内来测定电信号。最重要的是，在 20 世纪初的时候，电生理设备还不足以检测植物材料，测一测乌贼的神经元还凑合，当时所用的记录仪很简陋，扫描的频率太低；使用的滤波器很差，信号混杂；电压表也不够精准。所以在这样的条件下，不同科学家记录的捕蝇草电生理参数高高低低，差距极大：电压从 10 mV 到 150 mV；时间从 100 毫秒到 10 秒不等；传递速度从 0.03 到 0.2 米每秒波动很大。虽然植物不同生理状态会导致参数有差别，但是这么大的波动还是说明数据不可靠。所以当时的测定结果很可能是错误的，测得的动作电位很慢，很可能是夹子闭合后的结果，而非原因。布朗和夏普在叶柄和夹子中间电刺激引起闭合的实验结果，在现代实验室条件下不能重复出来，由于当初论文未注明实验参数细节，没有标明电流、电压条件，可能他们使用的电压太高了，捕蝇草是被电得抽搐了吧。

机械刺激产生电流

到了 2007 年，美国的橡树岭大学和阿拉巴马大学的几位科学家又重新验证了当初的电生理实验，此时他们的仪器设备已经克服了布朗和夏普时代的技术缺陷[6, 7]。为了防止干扰，电刺激实验放在了法拉第笼中进行（图 4-4），法拉第笼是个金属编织的笼子，它的外壳会对内部起到“保护”作用，使内部近乎不受外部电场的影响；整套检测设备还具有良好的隔离装置，保证植物插着电极但没有电刺激的时候，电极与电源等装置处于阻断状态，不会受电源等设备的影响；同时使用低通滤波器过滤掉高频背景噪声信号，保留低频信号。因为电生理信号比较微弱，如果不进行屏蔽，测得的信号可能多是噪声。

记录数据时使用极速数据记录系统，数据记录速度有多快呢？实验中数据记录速度在 20 万 ~ 25 万次 / 秒。实验中插入的电极也使用极细的 0.1 毫米氯化银（Ag/AgCl）电极，收集信号速度更快。在采用了这些现代的电生理实验室手段后，科学家终于确定了捕蝇草动作电位的真实面目。机械刺激引起的动作电位持续时间 1.5 毫秒，电压 140 毫伏。这些科学家们把 Ag/AgCl 电极插在中脉和夹子背面，可以检测到动作电位，但是都插在叶柄部位，就没有动作电位了。这说明夹子闭合的信号仅在夹子内部传播，无法传播到叶子的下半部分。

图 4-4　法拉第笼被用于捕蝇草的电生理实验

电流刺激能引起闭合

看来 1873 年桑德森的实验，虽然过程充满质疑，至少结论是蒙对了：机械刺激能引起捕蝇草夹子产生动作电位。很自然地，科学家们也会继续检验电信号的刺激是否能替代机械触碰、引起夹子闭合。他们又用精密的仪器，开始产生电刺激。正极插在中脉（就是两片夹子中间），负极插在夹子背面。外施电压在 1.5 伏时，足以引起夹子迅速闭合；但是正负极倒转、插反的时候就无法引起闭合了。有兴趣亲自试验的读者，可不要弄反了电极，还可以想想，能不能把闭合的夹子电开呢？

现代电生理实验更加严谨地证实了达尔文时代就开始的电生理实验结论，当时的结论是没错的，虽然实验做得可能是错的，但是依然没有回答最初的疑问：捕蝇草如何区分“1”和“2”的呢？不知道读者们对信号的本质有何猜测。这里应该有一个从量变到质变的过程。科学家们的第一反应自然就是检测“电”是否就是植物用来计数的信号。受仪器精度限制，测得电信号不知是什么情况下产生的，科学家们就很难外加微小电荷来检验他们的假说了。

现在橡树岭大学和阿拉巴马大学的科学家们可以很精准地外施电刺激，这样就能探究捕蝇草计数的方式了。他们将 Ag/AgCl 电极扎在中脉和夹子上，寻找到了最小的、能够引起夹子闭合的电荷量：14 微库。如果单次刺激的电量不够 14 微库，多刺激几次，累计达到 14 微库就会引起闭合，几次电刺激的间隔不能超过 50 秒。如果探针插在夹子和叶柄部位，神奇数字 14 微库就不起作用了，即使电量加大到 1 毫库（1 毫库 =1000 微库）也不会闭合。当然如果再大，还是会电得抽搐闭合的，就像 1910 年布朗和夏普做的那样。不过两位前人的结论还是蒙对了。所以现在人们猜测，捕蝇草有“植物电记忆”，可能是一次触碰的机械信号只能引起少量的电荷，两次触碰就超过阈值了。

这个说法对不对呢？捕蝇草算数方式是电信号吗？永远不能把对现象的解释当作现象本身看待。读者们应该还记得在开篇曾经说过捕蝇草会做加法，还会做减法，在高温情况下只需触碰一次就会引起闭合。如果电信号是捕蝇草算数的信号基础，那在高温下理应低于 14 微库也能引起闭合。另外，机械刺激间隔不超过几十秒的时间，都能引起闭合，那么单次触碰所引起的电信号是如何存储的呢？遗憾的是，科学家并没有提供这方面的结果，缺失了判定性实验。

通过对捕蝇草的水中表亲貉藻进行实验，证明这些电信号理论值得重新审视，水中的貉藻引起闭合需要更少的电荷数，但是需要更多的触碰次数。是由于貉藻触毛只能把机械刺激转化成极少的电荷，还是机械刺激转换成闭合运动另有原因呢？这些疑问还有待未来更加细致、充分的实验来验证。

算数需要喝水

几年之后，德国的科学家在另一个领域又有了新的发现，维尔茨堡大学（伦琴发现X射线的那个地方）的几位科学家与莱布尼茨植物生化研究所、马普生物物理化学研究所的同事仔细研究了水含量对捕蝇草闭合机制的影响[8]，证明水分是否充足对捕蝇草计数有着重要的影响。

如果捕蝇草处于干旱、缺水的状态，想引起夹子的闭合，需要增加刺激触毛的次数。含水量低于正常状态的一半时，有40%的捕蝇草叶片需要刺激触毛四次以上才能实现闭合，缺水时捕蝇草反应更加迟钝了（图4-5 a）。根据植物激素研究的经验，人们知道干旱缺水时植物体内的激素脱落酸（abscisic acid，ABA）含量会增加。如果土壤里外施 ABA 溶液 48 小时，即使植物不缺水也会造成捕蝇草反应迟钝，超过一半的夹子需要至少两次触碰才能闭合，有的甚至需要触碰十次。再检测一下干旱和正常状态下捕蝇草内源 ABA 含量，干旱时 ABA 含量要比正常时高三倍左右（图 4–5 b）。ABA 是一种与干旱胁迫关系密切的激素，在缺水状态下，由根部传来的 ABA 信号可以降低叶片上气孔的保卫细胞的膨压，让气孔关闭防止水分散失。

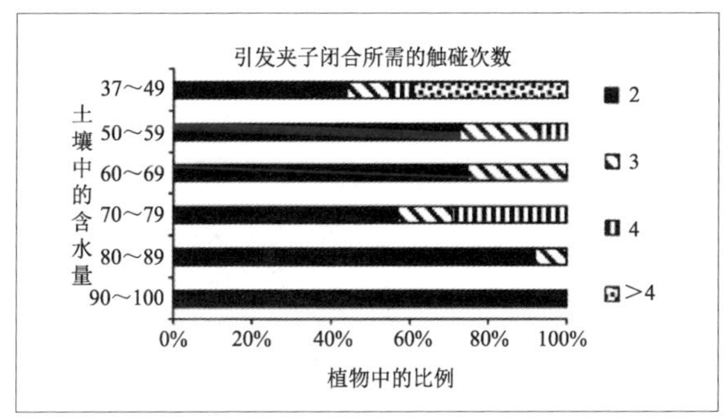

a 随着土壤含水量降低，夹子需要的触碰次数增多

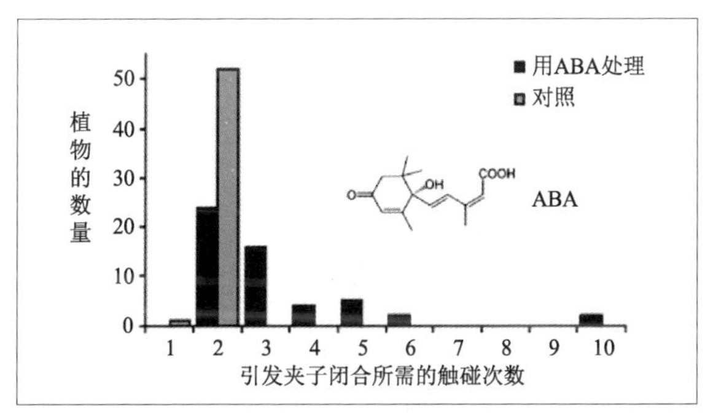

b 不缺水的情况下，外施 ABA 也会引起夹子闭合反应迟钝，需要增加触碰次数

（修改自 María Escalante-Pérez 2011）

图 4–5 含水量对捕蝇草闭合产生的影响

为什么干旱时捕蝇草反应变迟钝了呢？按照膨压理论，快速闭合需要植物有充足的水分，膨压要足，萎蔫了就没有快速闭合的动力了。即使轻微地缺水，比如少了 10% ~ 20%，捕蝇草的反应已经开始不灵敏了，有 10% 的捕蝇草需要触碰三次才会闭合。几位德国科学家做出了这样的解释：吃虫子是个很费事的过程，消化含碳、氮很高的食物需要消耗很多水，捕蝇草还会吸收猎物中大量的钠离子，储存在夹子的液泡中，而在已经干旱的环境下轻易地开启捕虫过程，对植物来说可能会损失很多水分，甚至危及生命（图 4-6）。吃肉有风险，

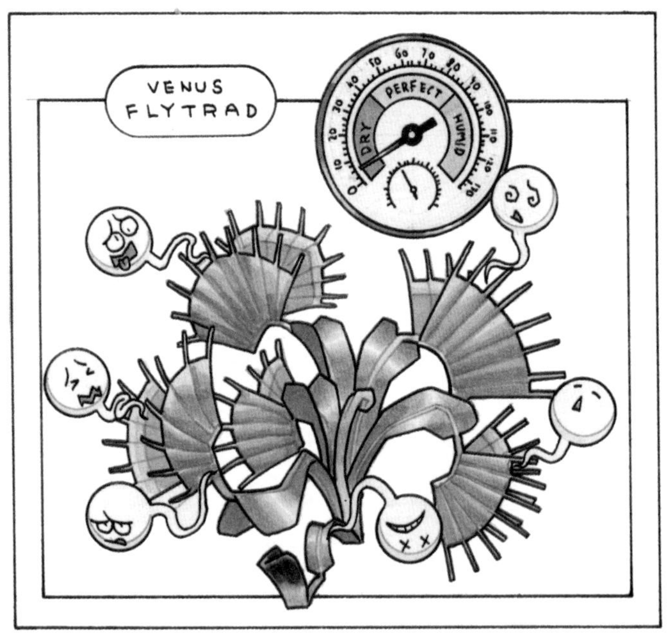

图 4-6　干旱影响捕蝇草的捕虫效率

闭嘴须谨慎。这是个听起来比较合理的解释，但是依然没有回答捕蝇草如何算数，对于机械刺激的触碰如何转化为植物可以存储、能够计算的信号，还是所知甚少。

含水量、干旱信号及植物激素 ABA 是否直接影响了从机械刺激转化为电信号过程，还是影响了电信号转化为更下游的信号？还都没有结论。曾经有人在 1988 年提出过细胞内钙离子浓度可能是捕蝇草算数、记忆的下游信号，不过也有科学家的实验结果显示，在两次动作电位刺激下不足以促使细胞内钙离子浓度发生较大变化。有意思的是，第三次动作电位刺激后，可以检测到细胞内钙离子激增，捕蝇草不光能分辨“1”和“2”，还认得“3”！所以钙信号可能是引起捕蝇草夹子闭合后消化液分泌的原因，而不是直接引起夹子闭合的信号。

就在 2016 年 2 月，德国维尔茨堡的科学家们又发现了猎物持续触碰产生的动作电位，会刺激植物激素茉莉酸（jasmonic acid，JA）相关的关键基因表达，需要最少三次动作电位刺激；捕蝇草分泌腺中各种水解酶的产生需要至少五次触碰刺激[9]。水解酶的产生是通过茉莉酸信号途径完成的，也就是动作电位刺激植物激素茉莉酸信号释放，而茉莉酸信号又促进水解酶的产生。机械刺激转换成电信号，电信号又曲折地促进基因表达，产生了各种消化酶。在人们还没有搞清楚捕蝇草如何在分子水平区分“1”和“2”的时候，似乎捕蝇草已经能算清楚很多数学题了，事情变得越来越复杂，同时也就越来越有趣了。

解释其他现象

除以上各种“主流”相关研究外，还产生过很多其他理论。1982年，康奈尔大学和黎巴嫩谷大学（位于美国宾夕法尼亚州）的两位科学家，基于捕蝇草夹子闭合吃掉虫子后夹子个头变大这个现象，提出了“酸性生长理论”[10]，酸性环境导致外层细胞壁变得松弛、生长加快，使夹子关闭。支持这种理论的实验证据比较少，因为捕蝇草闭合的速度非常快，0.1秒内就完成了，实在不可能靠“生长”来实现，并且“生长”是个不可逆的过程，但是实际上夹子是可以反复开合的。如果夹子闭合是生长的结果，那么夹子再张开，难道要夹子缩小吗？这显然是不合理的，夹子只能越长越大。捕蝇草的夹子在闭合、吃掉虫子之后，夹子确实变大了些，但这更像是结果而非闭合的原因。

2005 年，来自哈佛大学的科学家们通过高速摄像机和非侵入式显微镜系统建立了有趣而简单的数学模型[11]，很好地解释了闭合的过程，也就是整个信号途径的下游过程，虽然我们还是不知道从机械触碰到引起夹子快速闭合的分子机制。闭合过程的关键在于这个夹子的形状，捕蝇草的夹子是个打开时外翻（内表面凸出，图 4-7a）、闭合时内翻（内表面凹陷，图 4-7b）的形态。

这不是什么新的发现，达尔文早就注意到了这一点。整个捕蝇草夹子闭合虽然短暂，还是可以再分为三个阶段：起始慢阶段、中间快速阶

a 打开时的夹子，外表面凹陷，内表面凸出

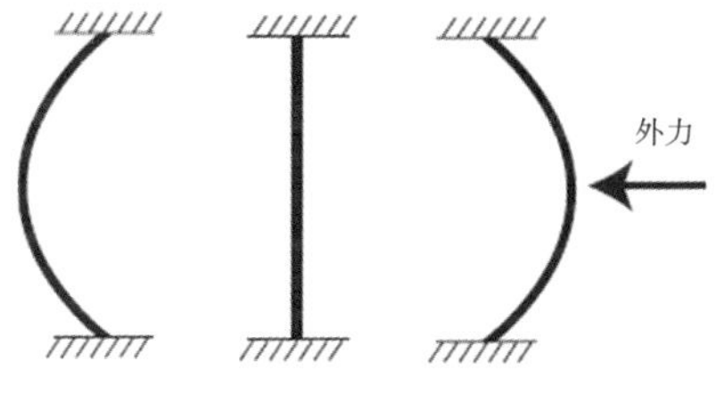

b 闭合时的夹子，内表面凹陷，外表面凸出

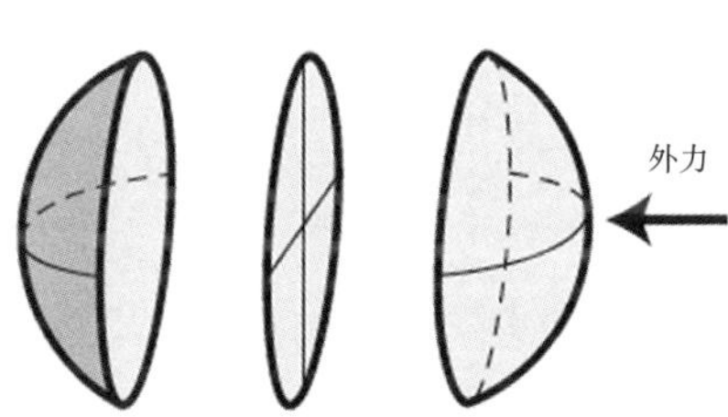

c 模式图，修改自 Forterre 2005

图 4-7 打开和闭合的夹子

段、终末慢阶段。这同样也不是什么新的发现，达尔文时代的博物学家也都观察到闭合中有快慢不同的阶段了，其实做研究最主要的是有一双观察敏锐的眼睛，而不是高速摄像机，区别于达尔文时代的是，现在我们能够用数学语言定量描述这个奇妙的、连续的生物过程了。两个慢速阶段中夹子发生的形变很小，各占 20%，用时 0.3 秒；中间快速阶段用时仅 0.1 秒，而夹子形变的 60% 发生在这个阶段。在第一次的慢阶段，弯曲的夹子像一个外翻的塑料片一样，缓慢地积累着弹性势能，直到越过了一个临界点，这时候释放出所有的势能，快速闭合（图 4–7c）。越是大个儿、弯曲的夹子，越过临界点需要的力就越大，释放出的弹性势能也越大，闭合的速度也越快。而小的、不太弯曲的夹子闭合的速度就慢，如果这个夹子太小、弯曲度小于一定程度，那么这个夹子甚至不会发生凹凸状态的快速转换，只有缓慢连续的闭合过程。经常观察捕蝇草就会发现，有很多植株在状态不好的时候触动夹子里的触毛，即便引发了闭合也只能有气无力地、缓慢地一夹。即便虫子真的来访时，也会轻松逃脱了[11]。读者们可以拿一个贝壳形状的塑料片来回掰一掰，就会明白，要想快速运动原来也不难，只要长成这个形状就可以了。只需要一个很小的力，就能让捕蝇草改变几何形状，从起始状态迅速变为闭合状态。垂直于夹子中脉（X 轴）方向的细胞收缩、形变比较大；而在顺着叶柄、中脉（Y 轴）的方向，叶片细胞的大小没有太大改变，说明捕蝇草闭合时候的力量主要来自于夹子内表面、垂直于中脉方向的细胞收缩。现在普遍认为这股力量是叶片细胞中的水分子运动造成的膨压改变。但是也有人通过计算发现，水穿过至少五层叶肉细胞需要 20 ~ 150 秒，通过这样的方式来实现快速闭合有点太慢了[12]。就像如何区分“1”和

"2"的分子机制一样，水分子运动的机制如何跟最初的机械刺激相关联，这些关键问题还缺少靠得住的实验证据。

哈佛大学的这项重要工作发表在《自然》（*Nature*）杂志上，提出了新的理论：捕蝇草的夹子处在一个双稳定状态，即打开和关闭的状态针对小的扰动比较稳定，但是超过了刺激的阈值，这个形状的东西就会发生快速的几何形变（图 4–7c）。看似高深的理论，其实就是说了一件小朋友都会做的事：无需触毛、电信号刺激、膨压改变等玄妙的生物学词汇，只要用指甲掐一下捕蝇草的夹子，它也能从开的状态转换为关的状态了。越大、越弯的夹子，闭合得越快。原来哈佛大学的科学家们用数学化的语言所描述的模型就是在说小孩子经常搞的恶作剧，好像科学离我们又近了一些。

回头来看看这两百年间，人们关于捕蝇草夹子快速运动机理的观点，基本代表了两个思路：一个是获得压力；另一个是去阻力。前者的主要观点是机械刺激转化成的电信号，又引起了膨压的快速改变；后者的观点是整个夹子处在紧绷的状态，机械刺激引起了夹子细胞状态的快速改变，比如上表皮的细胞。这套理论在含羞草（*Mimosa pudica*）中比较成功，但是捕蝇草与含羞草完全不同，因为含羞草有叶枕这样专门负责运动的特殊结构，而捕蝇草并没有；捕蝇草整片夹子都在快速闭合，并非特殊细胞造成的快速运动。捕蝇草这种让达尔文着迷的神奇植物，还会继续让热爱神奇大自然的人们牵肠挂肚，继续劳神费力地研究，直到我们破解所有难题，构建出一幅完整的图景。不过到了那时，一定会产生更多的新问题。就在这样的过程中，我们对大自然的了解也就愈加深入。

参考文献

[1] Chouard P. Vernalization and its relation to dormancy. Annu. Rev[J]. Plant Physiol, 1960. 11, 191–238.

[2] McPherson S. Carnivorous Plants and their Habitats Vol 1[M].Dorset: Redfern Natural History Productions, 2010.

[3] Lloyd F.E. The Carnivorous Plant[M]. Waltham: Chronica Botainica Company, 1942.

[4] J. Burdon Sanderson. Note on the electrical phenomena which accompany irritation of the leaf of Dionaea muscipula. Proceedings of the Royal Society of London[J]. 1873. 21(495–496).

[5] Brown W.H., Sharp L.W. The closing response in Dionaea. Bot. Gaz.[J]. 1910(49): 290–302.

[6] Lautner J.F.S. Electrical signals and their physiological significance in plants. Plant, Cell and Environment[J]. 2007(30,): 249–257.

[7] Volkov A.G., et al. Kinetics and mechanism of Dionaea muscipula trap closing. Plant Physiol[J]. 2008. 146(2): 694–702.

[8] Escalante-Perez, M., et al., A special pair of phytohormones controls excitability, slow closure, and external stomach formation in the Venus flytrap. Proc Natl Acad Sci U S A[J]. 2011. 108(37): 15492–7.

[9] Bohm J., et al. The Venus Flytrap Dionaea muscipula Counts Prey-Induced Action Potentials to Induce Sodium Uptake. Curr Biol[J]. 2016. 26(3): 286–95.

[10] Williams S.E., A.B. Bennett. Leaf closure in the venus flytrap: an Acid growth response. Science[J]. 1982. 218(4577): 1120–2.

[11] Forterre Y., et al. How the Venus flytrap snaps. Nature[J]. 2005. 433(7024): 421–5.

[12] Colombani M, F.Y. Biomechanics of rapid movements in plants: poroelastic measurements at the cell scale. Computer Methods in Biomechanics and Biomedical Engineering[J]. 2011(14 (Suppl. 1),): 115–117.

"三毛"和"一毛"

第五章 5

捕蝇草为什么又称为“维纳斯捕蝇草（Venus Flytrap）”？一种解释是捕蝇草的大夹子边缘长着长长的毛，整体看起来像是美丽的大眼睛，因为长长的睫毛（图 5–1），所以名字前加上了古希腊神话中代表美丽的女神维纳斯。不管名字如何而来，捕蝇草夹子边缘的长毛确实让人印象深刻，达尔文把它称作 spikes（穗、尖状物），有人译作棘突，现在人们一般称作“guard hair”，本书为了符合其功能并贴近英文名称，就称作“卫毛”了，以区别于叶片内表面那三对极其敏感的触毛。在叶片发育很早的时候，卫毛只是叶片边缘小小的凸起（图 5–2a 至 c）。这些毛先是藏在两片夹子里，逐渐伸直、展开（图 5–2d）。虽然这些毛看起来像是长长的睫毛，但是它们可不仅仅起温柔的装饰作用，更像监狱的铁栅栏（图 5–2e、f）。

图 5-1 维纳斯捕蝇草的长睫毛

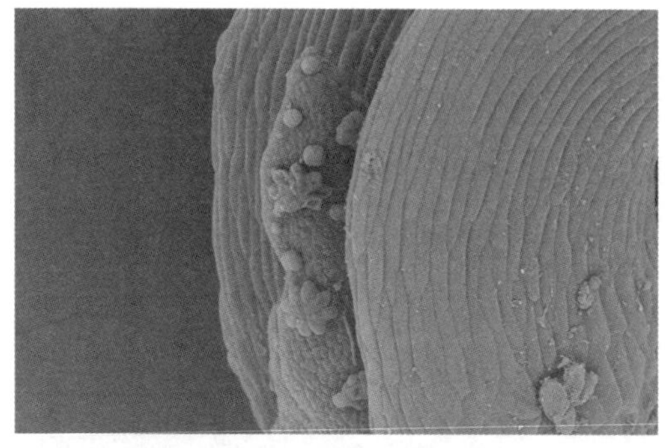

a　捕蝇草叶原基包裹在前一片叶子中

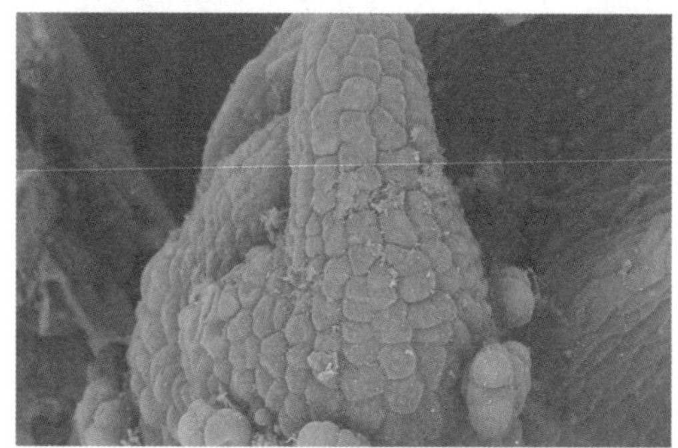

b　捕蝇草叶原基

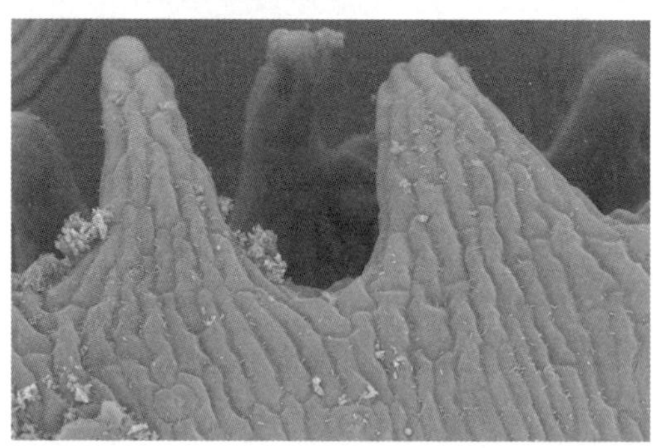

c　捕蝇草第一片真叶夹子边缘的卫毛

图 5-2　捕蝇草幼叶电镜照片

d 正在打开的夹子

e 闭合的夹子

f 卫毛像监狱的铁栅栏一样，防止虫子逃脱

卫毛的作用

在触毛被触动、引发叶片闭合后，这些卫毛就会相互交错地把两片夹子的边缘封紧，虫子就更难逃脱了，只能隔窗兴叹；虫子在里面挣扎着，会刺激夹子关闭得越来越紧（图 5–3）。

经过一段时间，消化腺勤奋地分泌消化液，虫子被分解之后，夹子会重新打开，这个过程至少要花上两天时间。达尔文就观察过一个夹子闭合了 9 天才打开。夹子的寿命是有限的，一般捉两三次苍蝇后，就没有闭合能力了。闭合次数主要取决于不同个体的生长状态。不过可以肯定的是，为了捉一个虫子，捕蝇草也是蛮拼的，感受外界刺激信号、动员器官快速运动、调整内部生理过程，最后还要牺牲一片宝贵的大夹子，这一切都是为了吃到虫子，补充氮元素。

这样问题就来了，如果随便来个什么虫子就兴师动众地吃掉它，那么虫子太小、没什么营养，可能就得不偿失，这是个复杂的经济学问题，要考虑运营成本的。达尔文在他的《食虫植物》一书中介绍了一位学者的研究结果：捕蝇草夹子大多数（14 片夹子里有 10 片夹子）捕捉到的是大虫子，虫子平均尺寸达到了夹子平均尺寸的一半！（注：这个实验十分有趣，也十分可疑，需要更多可靠的实验数据来验证，有兴趣的爱好者可以试试。）

捕蝇草通过适当的“铁栅栏”距离，允许太小的虫子挣脱出去，夹子可以较为迅速地重新打开，等着吃大餐。所以这些卫毛要肩负两项重要的作用：要能够交叉闭合，不让大虫子逃脱；还要有足够的缝隙，让小虫子溜走，避免亏本。由此看来，卫毛的作用还是非常关键的，不仅仅是“维纳斯的睫毛”。

图 5-3　捕蝇草卫毛构成的笼子

从基因到结构，由结构到功能

现在有两个捕蝇草栽培品种（图 5–4），读者们可以看看叶片有什么差别。仔细观察后会发现上边的卫毛是一根，我们暂且把它称作“一毛”；下边的有些异常，每一根都分成三叉，像二郎神的三尖两刃刀一样，我们把它称作“三毛”（作为商品名，也有人管它叫作烈焰捕蝇草）。应该是某个基因发生突变，导致发育异常。“三毛”变得粗大，看着更加威武。可以猜测一下，野生型的“一毛”和突变体“三毛”比起来，哪个更利于捕虫呢，理由是什么？

几名中学的食虫植物爱好者在观察中发现了“三毛”是不能弯曲的，也就是说捕虫只能靠夹子自己使劲了，不再有交叉闭合在一起的栅栏。即使能够弯曲，由于“三毛”长得太宽，

a “一毛”

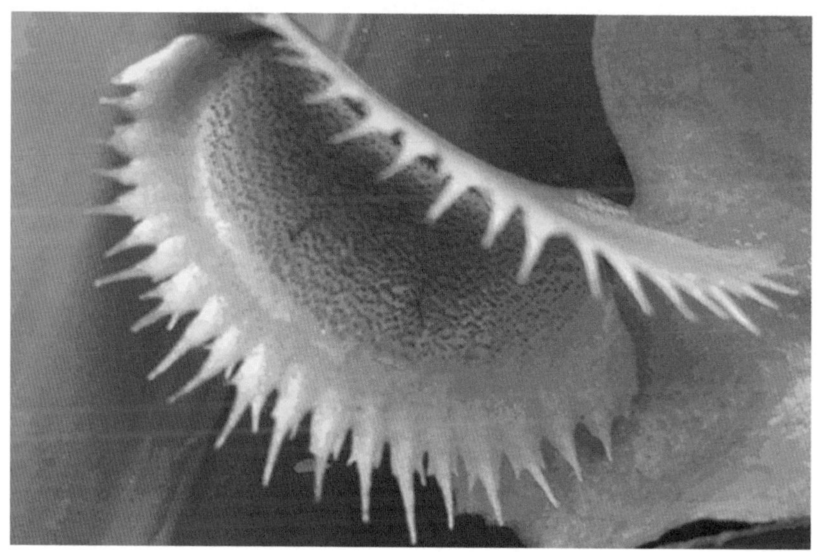

b “三毛”

图 5-4 “一毛”与“三毛”的对比

也会无法交叉紧密闭合。哪一个基因或者哪一些基因突变会导致卫毛形态异常、失去运动功能，还不得而知。

按照常理推断，“三毛”应该在捕虫方面比较弱，只有夹子构成的墙壁，没有卫毛筑起的“铁栅栏”，虫子应该更容易跑掉。但是，事实是否真的如我们所料呢？捕蝇草从“一毛”变为“三毛”，这是自然界的现象，而捕蝇草捕虫能力因此会降低，则是人对自然现象的解释。

先动脑，再动手

于是这些爱好者们在盯着捕蝇草仔细观察了两个月后，通过实验的方法，而不是臆断，试图分析捕蝇草基因突变(“一毛”变成“三毛”)到底是否影响捕虫效率。好的和坏的假说或者猜测，区别在于是否能够被检验，而不在于它是否听起来更动听。虽然“三毛”捕虫能力变弱这个猜测听起来很合理，也不可想当然。

事情看似简单，实际操作起来还是有很多困难。捕虫这件事涉及两方面：植物和虫子。仅仅是作为实验对象的植物，已经充满不确定性，再加上不安分的虫子，要让虫子去献身科研，还是有难度的（图 5–5）。首先需要找足够多的具有“一毛”和“三毛”的捕蝇草，这两类捕蝇草的生长状态需要一致，它们的夹子

图 5-5　说服虫子参与科学实验

需要大小接近；另一方面虫子需要大小合适，不能太大，也不能太小。虫子过大，超过夹子捕捉能力，也就无法反映出“一毛”和“三毛”的区别；虫子太小，会轻易从夹子缝隙中逃脱，比如蚂蚁；或者被捕蝇草一击毙命，比如个体很小、没有坚硬外壳的蚊子、小飞虫。经过反复的、全面的考虑，最后选了身材适合的面包虫。

之后面临的问题是如何保证实验对象的均一性。植株大小、生长状态比较容易挑选近似的，但是面包虫即使大小相近，活动力也可能差别很大，如何避免虫子个体差异带来的误差呢？最后他们决定改变策略，选用同一只虫子，先后放入“一毛”和“三毛”捕蝇草，然后记录逃脱时间，通过这种方法来避免不同虫子间个体差异过大的问题。虫子逃脱所用的时间越长，夹子的捕虫效率越高；逃脱时间越短，夹子的捕虫效率越低。

问题看似得到了很好的解决，不过读者们一定已经想到了，同一个虫子如果连续放进两片夹子，虫子累了的话，那就很可能是虫子从第二片夹子逃脱时间长，并不能说明是“一毛”与“三毛”结构上的差别。他们机智地让面包虫先去钻“理论”上效率更高的“一毛”的夹子，逃脱后再放进“三毛”的夹子，如果依然是从“三毛”的夹子中逃脱得快，那就充分说明“三毛”捕虫效率低了。

大家读到这里应该已经想到另一个问题了吧？是的，学习记忆效应。面包虫从“一毛”的夹子里逃脱后，经过了这次锻炼，身手变得更加敏捷，这样在进入“三毛”的夹子里时不再是新手，更有经验了。即使逃脱得更快，也就不能说是“三毛”夹子结构有缺陷，而是虫子变聪明了。实验者也意识到了生物的复杂性，如何避免虫子学习记忆效应对结论的干扰呢？可不可以让虫子吃瞬时失忆的药？首先是没有这种神药，即使有的话也不允许在中学实验室中使用，那样太危险了。有时候看似复杂的问题也很简单，于是他们设计出下面的实验方案：

同一条面包虫先放进“一毛”的夹子，再放进“三毛”夹子，分别统计时间，之后再从“三毛”的夹子放回“一毛”的新夹子，也就是重复第一轮实验。如果再回到“一毛”夹子，逃脱速度比之前的两次实验都快，那么可能存在学习记忆效应；如果并没有变快，则说明学习记忆效应并不影响实验体系，或者面包虫还没有聪明到马上学会逃脱的技巧。

在考虑到所有方面之后，爱好者们动手做了实验，下面是实验统计的结果。三条面包虫分别钻了三组夹子（图 5-6）。第一号虫子在“一毛”和“三毛”的夹子中表现差别不显著，随着逃脱实验

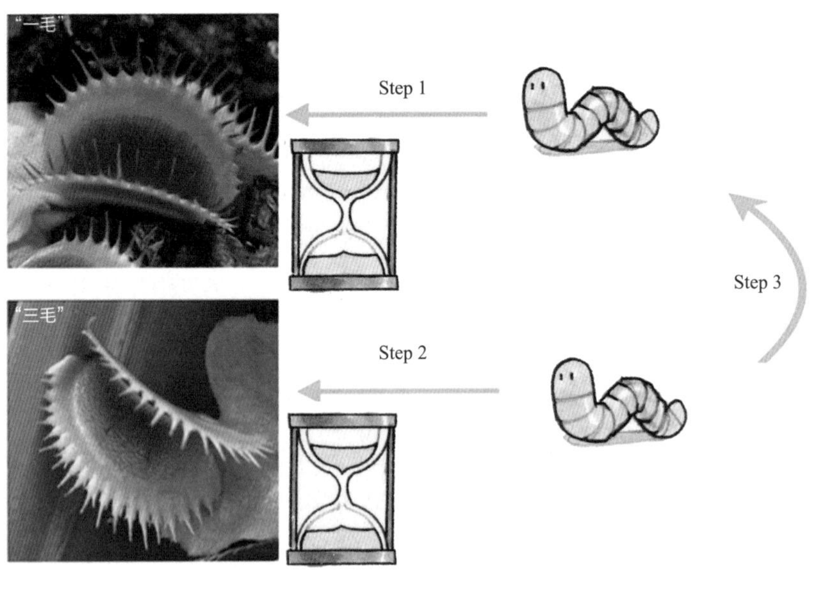

图 5-6　实验流程

次数的增加，无论是“三毛”还是“一毛”，逃脱时间都显著增加，看来虫子越来越累。而二、三号虫子逃脱实验则符合预期：虫子逃脱“三毛”夹子的时间，显著少于“一毛”的夹子，随着实验轮数的增加，逃脱时间都增加了，但是始终在“三毛”的夹子中更容易逃脱。三号虫子在第三次逃脱时候，从“一毛”的夹子和“三毛”的夹子中跑出的时间比较接近，可能“一毛”的这片夹子与其他夹子比起来，不是那么强壮吧（图 5-7）。

不知读者们认为实验还有哪些地方存在疏漏，或者对这个实验产生什么新的疑问？从捕蝇草的实验中是否有所得？面对自然中纷繁复杂的现象，如何抽丝剥茧、在观察现象中发现问题，形成观点和假设，再动手用简单的器物、清晰的思考来验证假设，这是个看似高深又非常简单的事情。达尔文作为伟大的博物学家，同我们大多数普通人一样，没有复杂的仪器设备，但一样可以获得重大的发现。只要有热爱自然的眼睛和勤于思考的头脑，人人都可以成为达尔文。

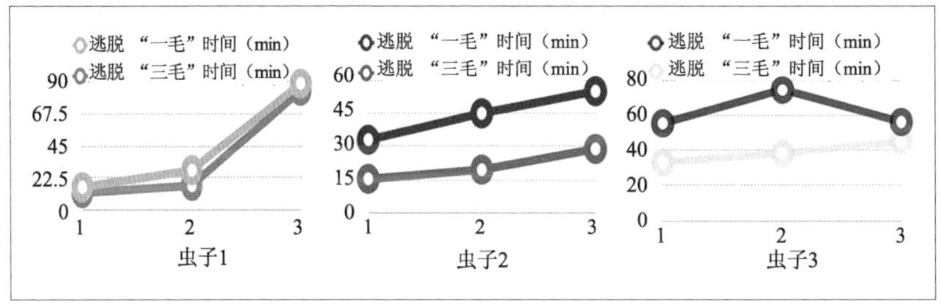

图 5-7 逃脱“一毛”和“三毛”的时间

更多的突变体

“三毛”的现象是由一些基因偶然、随机突变导致夹子的卫毛结构变化，并且可能造成了可测量的捕虫效率变化。可见，在自然环境中这些卫毛突变的捕蝇草捕虫时可能会遇到困难。在自然界中，细胞内的DNA突变随时都在发生，但是能产生实际影响的突变比例很低，再加上突变的结果常常有害，所以能够生存下来的个体十分稀少。自然界中怪异的突变体极少，靠自发突变已经不足以满足园艺爱好者的好奇心了。

由于对植物细胞全能性的研究比较成功，人们很快掌握了植物组织培养的技术，能够利用一些植物细胞，快速产生成百上千的新的植物个体，也就是克隆。人们至今还在苦苦研究人类胚胎干细胞，但是对植物而言早已经不是问题了，人们可以工厂化大批克隆植物。植物组织培养技术被用到了所有人们需要的地方，园艺爱好者自然不会错过这样的好机会，神奇的捕蝇草被世界各地的爱好者们用组织培养技术大量繁殖。在由组织培养技术产生的新捕蝇草个体中，出现了很多突变体，有的成为了著名的新品种，但是它们都属于生物学意义上的同一个种。

仅就卫毛这个性状，就出现了各种类型（图 5-8）：特别长的（a）；特别短的（b、c）；分三叉的（d）；好几根长在一起的“融齿”（e、f），还有卫毛长成方头方脑的（g）；卫毛之间的间隔非常大的（h）。这些突变表现为特定的部位在发育过程中出现了异常，卫毛还是卫毛，就是不太正经了。长出一根毛看似简单，但是它需要很多基因在特定的时间、特定的空间，以特定的表达量来发挥作用。如果这些基因发挥过头，可能造就了长毛；如果作用不足，可能成为了短毛。如果在不该发挥作用的地方出力，有可能就造成了“三毛”（d）。有的时候，一些基因表达的时间、空间、量同时错得很离谱，造就了更加复杂的表型，比如“融齿”（e、f）、“方齿”（g）。

园艺爱好者们不会就此满足，他们还挑选出了更多、更可怕的变异。看一看下面的突变类型（图 5-9）。双头捕蝇草（a）在一个叶柄上长了两个夹子，这是叶原基开始分化形成叶片和叶柄的时候，在不该活跃的地方，一些细胞错误地认为自己也应该肩负起长出夹子的重任。不过这两个夹子长得倒是没有什么大毛病。在我所在学校的温室中，一株野生的捕蝇草上就偶然出现了一片叶子长出两个

a　长齿
b　短齿
c　红短齿
d　“三毛”

图 5-8　各类卫毛突变体

脑袋的突变体（b），而这株捕蝇草上的其他叶片都正常。两个长在同一个叶柄上的夹子，触碰其中一个夹子的触毛，能够引起这片夹子闭合，而另一片夹子则保持开放状态（c）。细心的读者一定还记得在第一章里，捕蝇草闭合机制的电生理研究历史中曾经提到过：电信号只在夹子中传播，叶柄中没有检测到动作电位（AP），双头

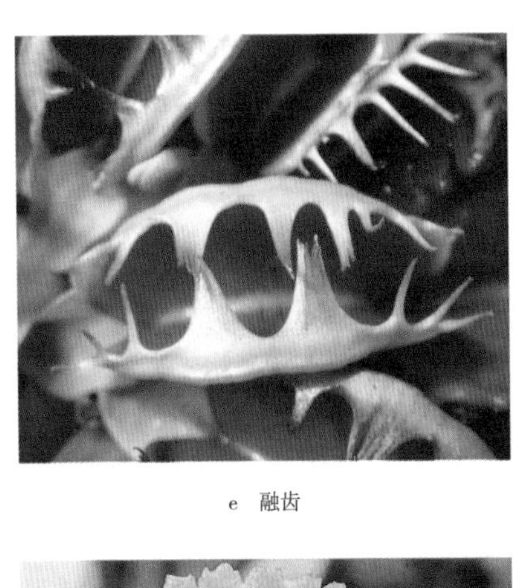

e 融齿

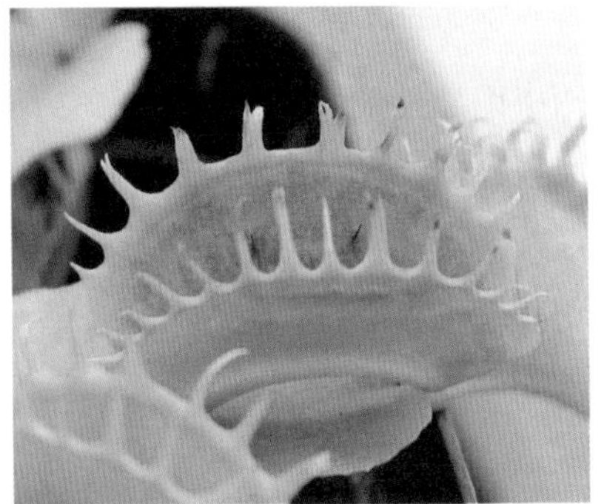

f 融齿

g 方齿

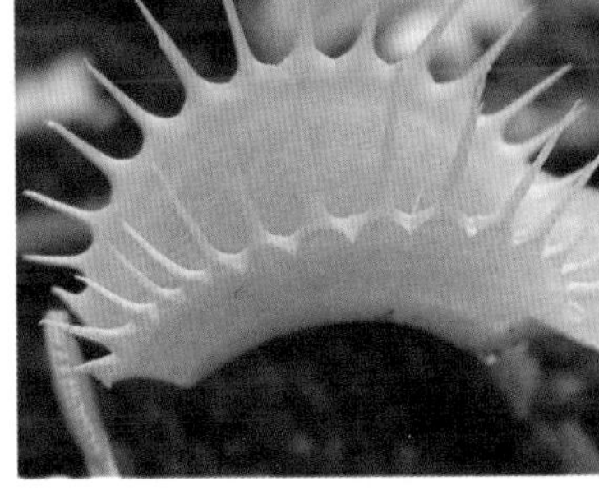

h 宽齿

突变体的出现也从另一个方面证实了这样的观点。因为如果机械刺激信号不是仅在两片夹子中传播的话，那么双头捕蝇草中可能会出现触碰一个夹子触毛，造成两个头都闭合的现象。还有另外一种双头捕蝇草的情况，捕蝇草在叶柄处就不正常，两片叶子的叶柄像是融合在了一起（d）。

还有些夹子，虽然只在一个位置上长出，但是本来该分裂一次、形成两片夹子的细胞们，不知为什么多分裂了一下，长成了连在一起的双头夹子，被称作莫西干捕蝇草（mohecan）（e），因为长得比较像“莫西干”发型。如果形成夹子的细胞反复错误地分裂，就会出现更加恐怖的夹子：恐怖陷阱（funky traps）（f）。同样，这些夹子的每一部位看起来都还算正常。

但是有些夹子的突变体就没这么幸运了，比如著名的杯夹捕蝇草（g）。正常捕蝇草夹子的两瓣本应在两端分开，只有中间的部位连接在一起。“杯夹”在一端或者两端都没能分开，形成了杯子状。不能闭合起来捕虫，只能用来接雨水了。触碰杯夹捕蝇草的触毛，只能引起夹子极其缓慢地试图闭拢，但是两片夹子很难靠近，若是真的有虫子进入，完全可以大摇大摆地走出陷阱。

在众多捕蝇草夹子突变体中，“怪异男爵（wacky traps）”是非常著名的一种了，在荷兰克雷斯克苗圃的组培苗中被发现，也叫巴特·辛普森（Bart Simpson），因为酷似卡通片《辛普森一家》中的巴特形象（h）。它的夹子已经失去卫毛和夹子之间的区域划分，还有一些齿状凸起，已经不大能算作“毛”了，而通常只在夹子中出现的红色，也进入到凸起的部分中，触毛着生的位置也发生了变化，有些触毛长到夹子的边缘处。植株在高温下，还会呈现黄色，看来叶绿素合成也出现问题了（i、j）。并且巴特是不育的，无法通过有性生殖产生后代，只能通过组织培养的方式无性繁殖。

怪异男爵虽然怪异，但是还保留着捕蝇草的一些影子。而被称作“绒球”的突变体（k），已经看不出是个捕蝇草的夹子了，更像是蒲公英的头部。

a 双头捕蝇草

b 双头捕蝇草

c 双头捕蝇草的两个夹子独立闭合

d 双头捕蝇草

图 5-9 各类夹子突变体

还有一些捕蝇草的器官之间出现了混乱（图 5-10），在花器官中长出了叶片性质的器官（a、b、c）。同样是由于在错误的时间、空间开启了错误的发育进程，花瓣中长出夹子。还有本该在夹子边缘长出的各种凸起，出现在叶柄边缘（d）。还有一些像得了某种疾病一样，在叶片上长出一丛丛凸起，像是岩石在水下长满珊瑚、贝壳（e）。

e 莫西干

f 恐怖陷阱

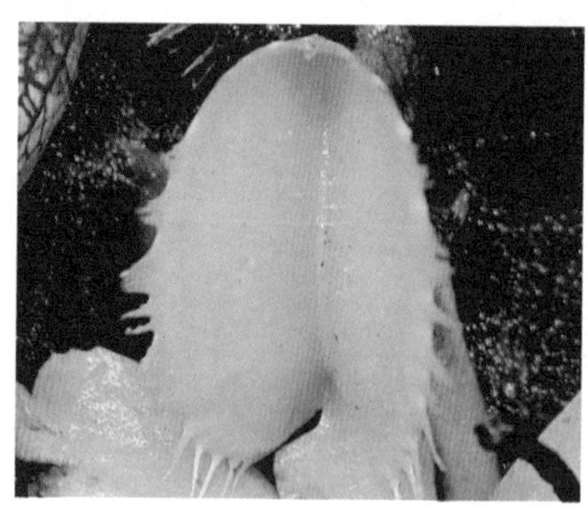

g 杯夹

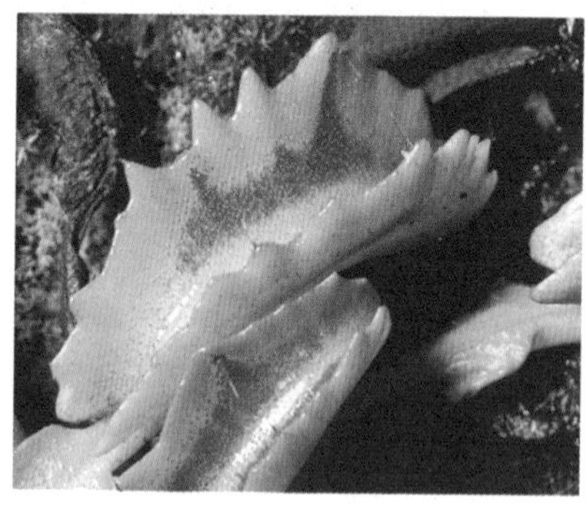

h 怪异男爵

在好事者们不断地努力下，还筛选出了更多种令人眼花缭乱的捕蝇草突变体，除了引得无数园艺爱好者热情追捧外，这些突变体还在隐晦地向人们传达着重要的信息，告诉我们特定基因的功能，至少是特定基因突变之后的后果。现代生物学对基因功能的深入理解，也正是建立在对大量突变体研究之上的。对捕蝇草来说这些突变是痛苦的疾病，对人类来说则成为了收藏的上品和

i　怪异男爵，普遍叶绿素缺失，叶柄和夹子呈现黄色

k　绒球

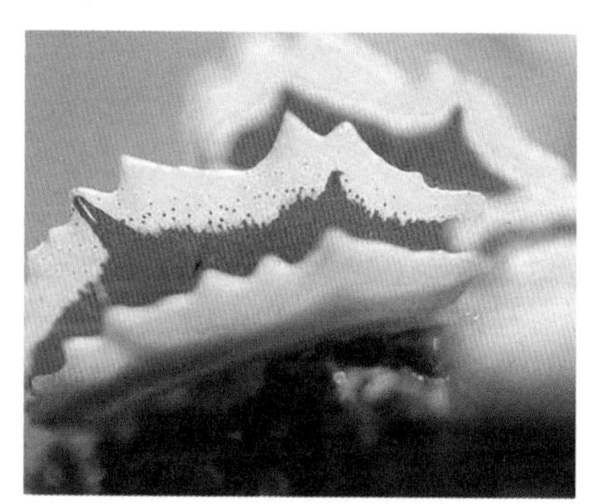

j　怪异男爵，红色的色素深入夹子边缘

a　花瓣位置长出夹子

b　花瓣位置长出夹子

c　抽薹的花序轴上长出夹子

d　叶柄部位长出齿状凸起

图 5-10　器官位置突变体

研究利器。各位爱好者在观察自己的捕蝇草时，如果留心观察，没准哪天也会发现新奇的突变体，我们也可以思考一下这些奇怪的表型如何产生，对捕蝇草会有什么样的影响，这时候我们就是像达尔文一样的自然研究者了。

e 叶柄上长满刺状凸起

To Bee or Not to Bee

第六章 6

“To be or not to be, that’s a question.”莎士比亚在《哈姆雷特》里写了这样一句简单而又深刻的话。食虫植物中的茅膏菜也在思考同样的事：分泌还是不分泌，to“bee”还是 not to“bee”，这是一个问题（图 6-1）。

虽然茅膏菜能“吃”虫子，终究还是个植物，光合作用才是植物能够活着的根本，或者说光合作用是吃主食，而捕虫是吃肉，是个奢侈的事情，先要能够活下去，再谈是不是活得比较舒适。茅膏菜唯一的捕虫武器是黏液，但是什么时候分泌黏液、分泌多少黏液就是一个大问题了。因为茅膏菜捕捉飞虫居多，而飞虫又不是长年飞舞在空中，时刻都可以捉到。比如冬季，没有什么飞虫的时候，分泌很多黏液

图 6-1 To Bee or Not to Bee

也是浪费；到了春夏季节又满是飞虫，要是夏天飞虫很多的时候，没有分泌黏液，就会错过吃肉的好机会。这不光是吃得是否可口的问题，达尔文时代的博物学家就已经证实了吃虫子对于食虫植物繁衍后代、结种子具有重要意义（见第一章）[1]。

光周期变化，植物的日历

如果茅膏菜分不清季节，一年四季都分泌出大大的黏液珠，时刻准备着“有错杀无放过”，可不可以呢？这显然是不合适的。因为茅膏菜的黏液非常黏稠，分泌黏液也是一个极其耗能的过程，需要消耗大量光合作用所固定的能量。食虫植物都是很精明的经济学家，一定要收益大于投入，不然生存下去都有困难。

但是植物没有眼睛，不大可能“看到”周围有没有飞虫，再来决定分泌还是不分泌。它们只能提前预判，在适当的时候分泌黏液等着飞虫自己撞上去。但是茅膏菜没有日历，怎么确定春天或者冬季要到来呢？在不同季节中，无论刮风下雨、冷热凉湿，所有的环境因素都会经常性地发生大波动，比较靠不住。在演化的历史长河中，植物找到了最靠得住的信息来源，都能准确地把握季节变化，做出相应调整。两个农业生产中的实际问题最终帮助人们发现了植物如何感受季节变化的机制[2]。

在美国，种豆子的农民想通过错开播种时间，让豆子成熟的时间有前有后，这样在收获季节避免因过于忙碌来不及采摘，在大规模种植农场里，这个问题就显得尤为紧要。可是他们的计划没成功，不管人为错开播种时间多少天，豆子们几乎都在相同的时间段开花了。另一个问题来自马里兰州，这是美国传统的烟草种植区域，种植烟草的时间跟美国的历史一样长。在 20 世纪初，农民发现了一个新品种："马里兰猛犸象"。听名字就知道这种植物个头比较大，叶子数量特别多，可达近百片。对于收获叶片的经济作物本来是很好的事情，但是不开花或者很晚开花很难收到种子，种植烟草的农民就没法维持大面积播种了。1918 年，美国农业部的两位科学家怀特曼·加纳（Wightman Garner）和哈利·阿拉德（Harry Allard）开始努力研究影响烟草开花时间的问题[3]（图 6-2）。两位科学家辛苦做了很多年的探索，想解决这个问题，他们几乎试尽了所有可能，但是都一无所获，最后决定试一试日照长短这个影响因素，可能再不行就要改行做别的事情了。很幸运地，这次终于成功了。他们发现只要每天下午把马里兰猛犸象烟草推到小黑屋里，比其他烟草少照一会儿太阳，它们就能提早开花了，这样在霜冻到来之前，就可以收到种子了。除了烟草，他们还试验了大豆、萝卜、胡萝卜、芸豆、假泽兰、豚草，实验做得非常有达尔文风格。结果充分验证了这种现象的普遍性，这就是我们现在所熟知的光周期现象。

由冬季到春季，日照时间逐渐增长，夜晚变短；而夏天结束进入秋季，日照逐渐变短，夜晚变长。相比较所有其他周期性变化的环境因素，光周期是最稳定、最靠得住的。植物通过对光周期变化的感受，了解外界季节变化，提前做好准备。在真的寒潮袭来、大雪落下前，植物已经做好了应对。这一切都要感谢地球小小的倾斜角度，出现了南北半球日照长短的周年性变化，让地球上的生物，特别是不能移动的植物，找到了亘古不变的参照系。

图 6–2 美国农业部科学家怀特曼 · 加纳和哈利 · 阿拉德在研究烟草品种“马里兰猛犸象”，发现了光周期影响植物开花过程的规律

动手验证假设

像其他植物一样，食虫植物茅膏菜也是通过感受光周期变化预测季节更替的。茅膏菜会不会根据季节变化来调整自己吃素还是吃肉呢？这是一个很合理的猜测。冬天到来，没有很多飞虫，就不需要分泌黏液；春夏季节，飞虫变多，阳光也充足，茅膏菜有足够的能量分泌黏液来捕虫。为了证实这种猜测，像美国的两位科学家一样，中学生爱好者们进行了一系列的实验来验证假设（图 6–3）。他们自制了可调节光周期、光强度的培养架，就不用像加纳和阿拉德那样把烟草搬进搬出小黑屋了[4]。

先把好望角茅膏菜放在长日照下生长一段时间，然后把它们分成两批：一部分继续放在长日照（16 小时光照 /8 小时黑暗，图 6–4）；

另一部分转入短日照（8 小时光照 /16 小时黑暗）培养，其他条件保持一致。

图 6-3　中学生在实验室进行验证

图 6-4　长日照下好望角茅膏菜

生长一段时间后，它们开始长得不一样了（图 6–5）。长日照下的植株生长发育速度快于短日照的，叶片舒展，在空间中张牙舞爪地展开，占据更大空间，这样更加有利于捕捉飞虫；而短日照下，叶片向下卷曲、体形弱小，在长日照时，分泌腺分泌出一个大的球状黏液滴，包裹在分泌腺的头部。茅膏菜的黏液都是非常黏稠的，各种飞行的昆虫被粘住，就再也无法逃脱（图 6–6a、b）。而在短日照条件下生长 1 周后，茅膏菜只能分泌很小的黏液滴，有的甚至不能分泌（图 6–7a、b）。通过电镜扫描，可以看出在长日照条件下，分泌腺附着大量干涸的黏液；短日照的分泌腺只有很少或没有黏液附着，而不同光照条件下分泌腺长得大小差不多，腺体形态并无明显差别。

图 6–5　长、短日照茅膏菜，右边的茅膏菜由于持续在短日照环境下生长，叶片向下卷曲，黏液腺不能分泌黏液

a 一株巨大的好望角茅膏菜，每一片叶片都粘满昆虫

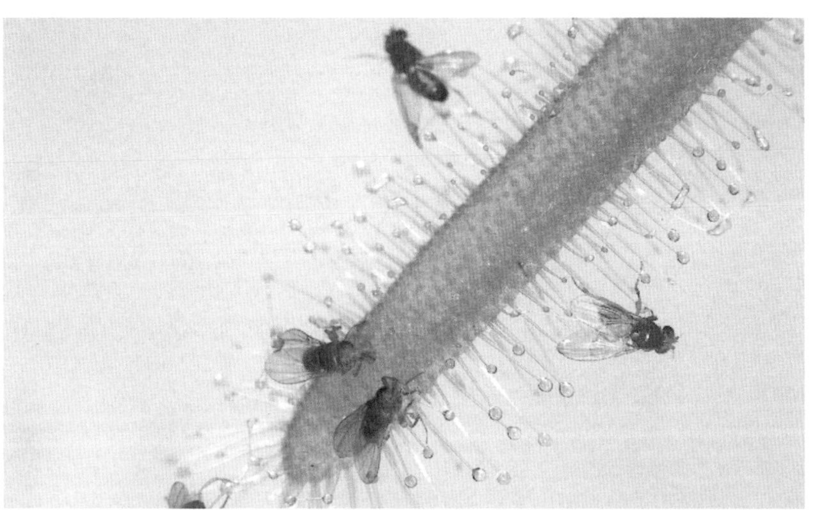

b 好望角茅膏菜局部

图 6-6 茅膏菜用黏液粘住飞虫

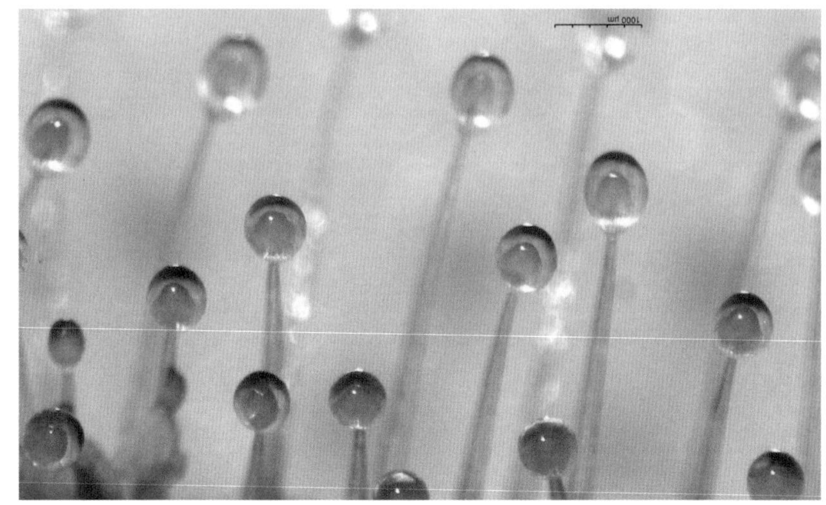

a　长日照下的腺体

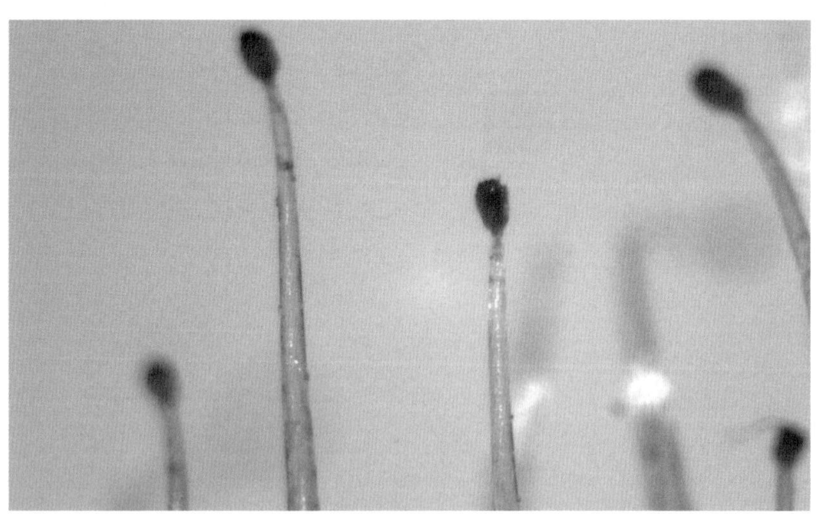

b　短日照下的腺体

图 6-7　长、短日照下茅膏菜的腺体

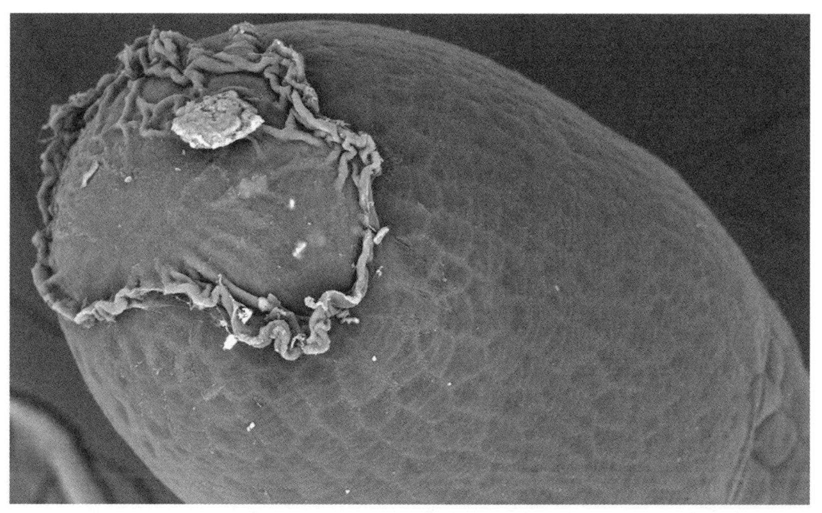

a 长日照下芥菁菜腺体顶端附着物为干了的黏液

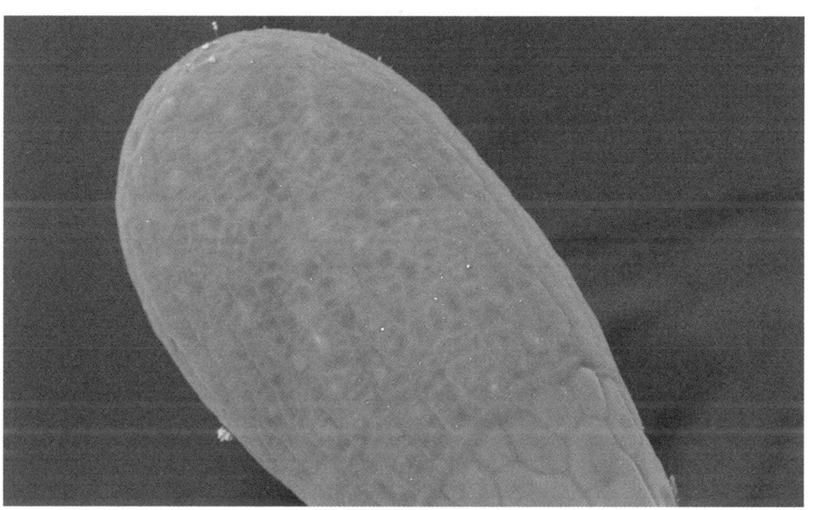

b 短日照下芥菁菜腺体没有黏液附着

图 6-8 长、短日照下芥菁菜腺体电镜照片

如果观察得比较仔细，就会发现光周期变化不仅影响黏液腺分泌，还影响了叶片的发育进程，叶片、叶柄的比例发生了变化。长日照下叶片、叶柄的比值大于短日照的，也就是说即使在叶片总体长度没有显著差异的情况下，长日照下茅膏菜叶片部分更大、长出更多的黏液腺，用于捕虫；而短日照下则不长黏液腺的叶柄部分变得更长。

在 6 周的长、短日照培养中，叶的总长度没有显著差别（B），但是长日照下，叶片的长度开始逐渐大于叶柄长度，而短日照的植物则相反（A），如图 6-9 所示。

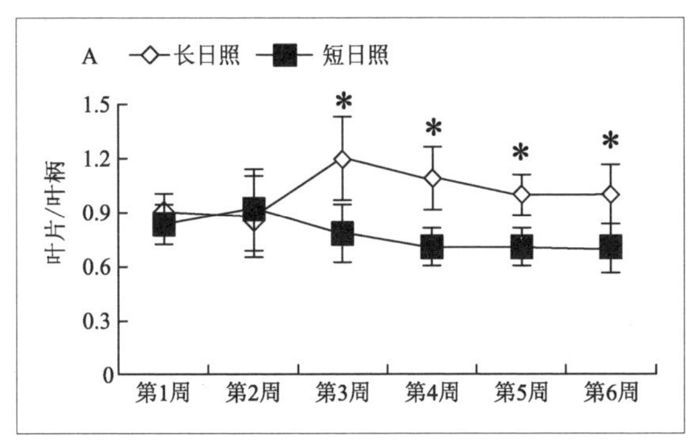

* 表示差异较为显著的情况

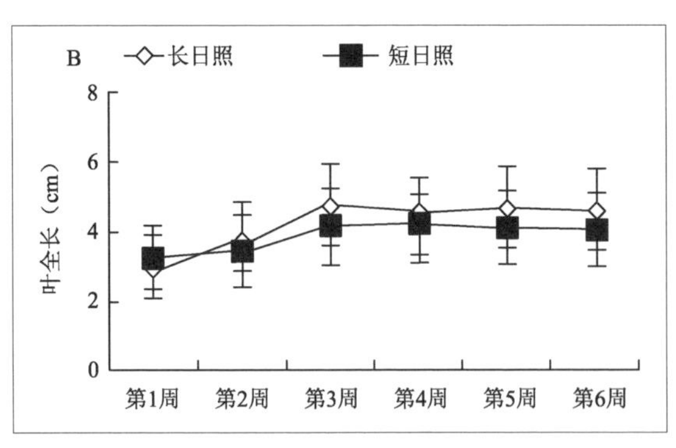

图 6-9　叶柄叶片长短对比

看到此处，读者们一定也注意到了：光周期的变化不仅带来节律的变化，随之而来的还有植物获得光能的差别，实验中设置的短日照比长日照少了一半时间的光照，也就是说获得的能量少了一半。茅膏菜不能分泌黏液的现象，到底是因为光周期节律的变化造成的，还是因为光照时间不同带来的能量变化造成的呢？或者说在短日照时，茅膏菜是受光照长短影响“不想”分泌黏液了，还是缺少能量“不能”分泌了？

为了回答这样高深的问题，他们又设计了简单的实验（图 6–10）。一批茅膏菜在长日照下持续培养 9 周，这些茅膏菜的分泌腺始终能够分泌黏液（A、F）；茅膏菜在短日照下持续培养 9 周，分泌腺始终不能分泌黏液（B、G）。读者们可以思考一下，为什么要做这两组对照实验，有什么用处，如果不做可不可以？

另外一批茅膏菜，在短日照下生长 6 周后转入长日照培养。一周后，茅膏菜又开始分泌黏液，继续生长 3 周后分泌黏液与一直在长日照下生长的植株无明显差别（C、H）。同时把长日照下生长 6 周的茅膏菜转入光照强度为正常情况下一半的长日照环境继续培养 3 周，分泌腺始终保持正常分泌（D、I）。把短日照下生长 6 周的茅膏菜放置在光照强度加倍的短日照环境中继续生长 3 周，分泌腺始终很少或者不能分泌黏液（E、J）。

经过设置一连串的对照组，从实验结果中我们可以做出以下判断：即使光能增加一倍，只要是光周期处于短日照，黏液腺依然不能旺盛分泌；即使光能降低一半，只要光周期处于长日照，植

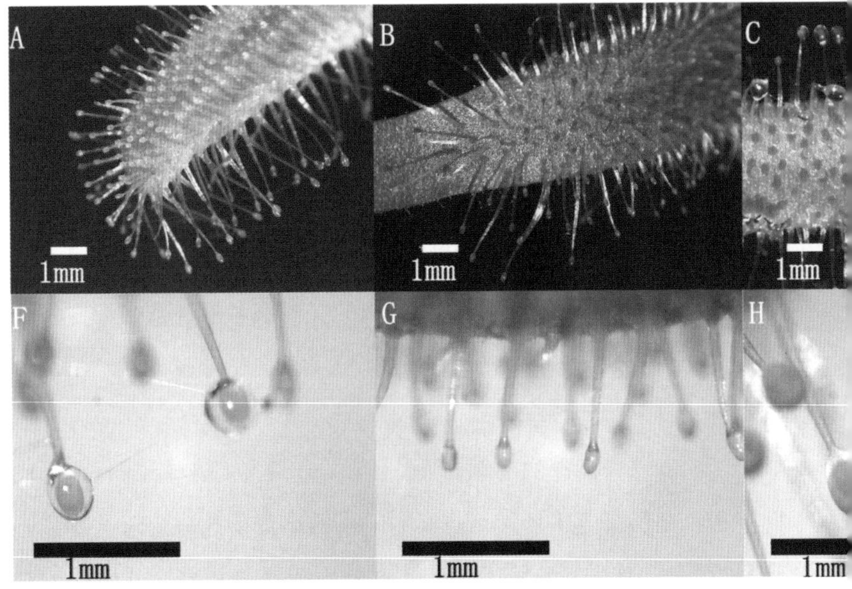

A 和 F：茅膏菜在长日照下持续生长 9 周，腺体能够分泌黏液

B 和 G：在短日照下持续生长 9 周，腺体分泌很少黏液或无黏液

C 和 H：在短日照下生长 6 周后转入长日照下生长 3 周，腺体恢复分泌黏液

图 6-10　各种光周期、光照强度处理下的好望角茅膏菜黏液腺

物依然还会分泌黏液，至少在短期内是如此，毕竟能量的来源是光，长期光照不足，即使是长日照周期下，茅膏菜想分泌也是有心无力了。

这时候，各位读者是否能够体会到之前持续放在长日照（A、F）和短日照（B、G）下的茅膏菜是多么重要。光周期和光照强度的转变可能是我们看到的黏液腺分泌或者不分泌的原因，也可能不是；很有可能持续放置一段时间以后，植物自己就会发生变化，比如短日照下放久了也会重新分泌黏液。要是没有这些对照组的植物，就没法做

D 和 I：在长日照下生长 6 周后转入 1/2 光照强度的长日照下生长 3 周，腺体依然能够分泌黏液

E 和 J：在短日照下生长 6 周后转入 2 倍光照强度的短日照下生长 3 周，腺体依然只能分泌很少黏液或无黏液

判断了。所以，为了能对看到的现象做出合乎逻辑的判断，一定要有对照实验相比较，让我们对现象的解释尽可能来自于逻辑推理，而不是头脑中预设的成见。

实验不仅是技术手段，更是一种思考的方式。如果出现这样的结果，那么这种假设可能是对的；如果实验结果与预期相反，那么我们的最初假设一定是错的。即使实验结果符合预期，仍然要对自己的假设保持警惕，因为我们的假设（对现象的解释），仍有出错的可能。我们还要始终保持谦逊、开放的头脑，在与大自然进行交流、探索的过程中，通过观察、思考提出假设，以大自然做出的反应来检验假设，虽然我们仍然会出错，但是依靠着理性精神，我们对现象的解释必然会越来越贴近自然本身。

从以上简单的实验结果中不难看出，光周期的信号参与调节茅膏菜是否分泌黏液，即使通过增大或者减小光照强度，植物依然按照光周期长短来做出决定：分泌还是不分泌，to bee or not to bee。茅膏菜分泌黏液这件事就像茅膏菜的英文名字的含义一样——sundew（太阳的露珠）（图 6-11a、b）。以前人们认为茅膏菜的露珠储存了阳光，茅膏菜的“露珠”确实储存了阳光，只是经过了光周期调节、光合作用转化的复杂过程。现在回想起来，八九百年前古人给茅膏菜起的名字还真是有远见卓识。茅膏菜是否分泌黏液，是植物对不同光周期环境做出的主动反应，这种适应性使得茅膏菜能够合理地利用自身能量、协调环境变化，分泌或者不分泌黏液。在合适的季节使劲分泌黏液，尽可能多地捕虫，而在不适宜的季节，不分泌黏液，保存实力。在另一类食虫植物猪笼草中也有类似的情形：在莱佛士猪笼草（*Nepenthes rafflesiana*）的口部边缘，有露水聚集后会变得异常光滑，导致蚂蚁更容易坠落，增加捕虫机会。不过这种调节，不是猪笼草主动分泌，而是完全依赖外界每日湿度的周期变化[5]。

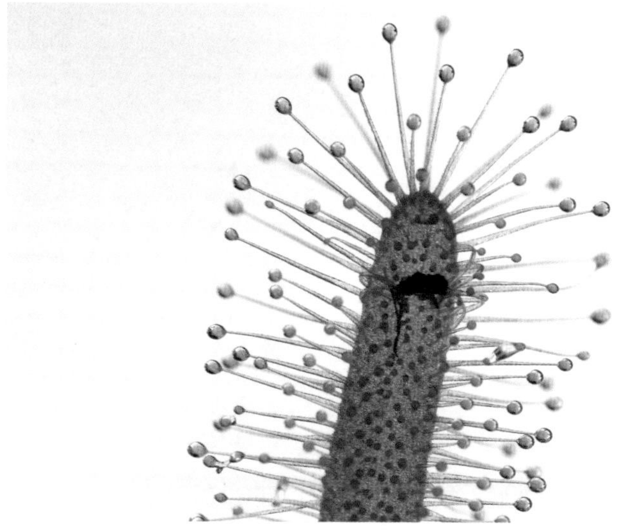

a 好望角茅膏菜的黏液

b 勺叶茅膏菜的黏液

图 6-11 茅膏草黏液

粘住虫子之后的反应

茅膏菜除了根据环境信号做出及时预判之外，还要在捕虫的过程中做出恰当的反应。分泌黏液粘住虫子，只是这架吃虫子的机器运转起来的第一步，粘住虫子后茅膏菜还进行了一系列复杂的动作。仍以好望角茅膏菜为例，在叶片临近粘住虫子的位置，附近的腺体也会涌向果蝇，这些未被猎物直接碰到的腺体，好像长了眼睛，也知道那里有个虫子被捉住了。虽然每一个黏液腺上的黏液不太多，但是腺体数量足够多的话，也足以覆盖住小型猎物了。不仅如此，在捉到猎物的区域，好望角茅膏菜叶片开始弯曲（图 6–12a），最终叶片弯曲 180°，整个卷起来彻底包裹住果蝇（图 6–12b）。扁平的叶片此时形成一个临时的外

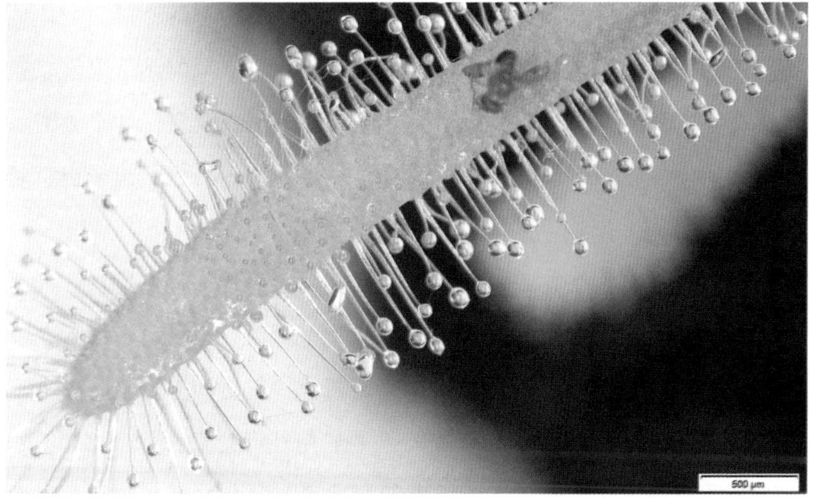

a 刚粘住果蝇的茅膏菜

b 捕捉到果蝇后，茅膏菜叶片发生弯曲

图 6-12 捕捉到果蝇的茅膏菜

胃，在几天的消化过程中，果蝇被分泌的消化液所分解，最后弯曲的叶片还要重新展开。这是一个缓慢的运动过程，从果蝇踏上陷阱、被黏液捉住，到叶片发生巨大的形变卷曲起来，大概要过三四个小时。被黏液捉住的猎物越挣扎，会刺激越多的腺体涌向自己，虫子也就越难逃生。

自达尔文时代起，人们就注意到了茅膏菜奇特的捕虫特征，而且也发现了叶片不能运动的突变体——叉叶茅膏菜。但是对于茅膏菜如何把捕捉到猎物这件事告诉叶片其他区域，一起协同抓牢猎物，人们还缺少深入的研究。更不好理解的是，如何让叶片做出弯曲 180° 这样巨大的形态变化。对于这股巨大的弯曲力量从何而来，更是毫无头绪。弯曲、伸缩、形变对于动物来说，是再平常不过的事，这也是运动的基本前提。但是植物，与动物的最显著差异就是每一个细胞都受细胞壁的束缚。要想做出个弯曲的动作，即便是在动物眼中角度不大的弯曲，对于植物来说也是极其艰难的。而茅膏菜在捉到虫子之后，几个小时里就完成 180° 的弯曲，简直是植物界的柔术大师。

捕捉到昆虫之后，猎物应该是给叶片带来了持续的机械刺激，达尔文以及同时代的很多人都用毛刷试验过，与猎物效果类似。但是机械刺激的感受器是什么？这种机械刺激信号又转化成什么信号，能够传遍整个叶片，让叶片不同部位的腺体协同工作，最终造成叶片的巨大形变？这些问题在达尔文时代都还难以回答，因为那时人们对植物的了解还无法深入到细胞水平，对于植物都有哪些信号系统知道得还很少，也缺少相应的检测手段。

找到传递信息的化学物质

在植物中起传递信息作用的重要物质——植物激素，过了很久，才逐渐被人们揭开神秘的面纱。达尔文虽然没有做出直接的回答，但是他在对植物向光性运动的研究中，提出了信号物质运输的假设，现在高中生物教科书中还在讲达尔文父子的向光性实验，他们的工作导致了第一种植物激素——生长素的最终发现。随后的一百多年间，人们发现了越来越多的植物激素，有生长素（auxin）、赤霉素（gibberellin，GA）、细胞分裂素（cytokinins，CK）、脱落酸（ABA）和乙烯（ethylene）、油菜素内酯（brassinosteroids，BR）、水杨酸（salicylic acid）、茉莉酸（jasmonic acid，JA），这个名单还在不断增长，其中对于生长素的研究最为广泛。生长素普遍参与了各类植物向性运动，比如向光、向重力等，可以说几乎植物生理活动的所有方面都有生长素的身影。所以一直以来，人们认为茅膏菜复杂的捕虫运动可能也是通过生长素进行调节的。

2013 年，德国科学家用好望角茅膏菜重复达尔文的实验，又发现了很多新的现象。使用活的苍蝇去饲喂茅膏菜，十几分钟内茅膏菜就会做出反应：腺毛弯曲涌向猎物，叶片开始弯曲、包裹住猎物。如果放一个同样大小的石头或者用刷子持续挠叶片 15 分钟，叶片都不会上当，不会产生弯曲，这一点与达尔文的勺叶茅膏菜很不一样，也可能是德国科学家使用刷子的姿势不正确。最神奇的是，如果用一只死的苍蝇放在叶片上，好望角茅膏菜就不会搭理，叶片不会发生弯曲、包裹猎物的动作。但是如果用碾碎的苍蝇尸体放在叶片上，茅膏菜就会弯曲[6]。茅膏菜是如何区分果蝇是活的还是死的呢？读者可以回想一下达尔文的研究工作，为什么达尔文会称茅膏菜为“一流的化学家”。

德国科学家这项研究最重要的结果，是发现了好望角茅膏菜捉到猎物后，叶片弯曲部分的茉莉酸含量远超其他位置，而在这个弯曲的部位中，生长素含量并没有显著增高。在茅膏菜叶片外施茉莉酸，也可以在没有捕到虫子的情形下引起叶片的卷曲[6]，这说明茉莉酸可能是引起茅膏菜叶片运动的关键内源信号。看来最受关注的生长素，并不是调节捕虫运动的关键信号。

如何从机械刺激转化为化学信号

茅膏菜捕捉到了猎物后，如果真的是用茉莉酸作为信号传递信息，那么猎物挣扎所带来的机械刺激，又是怎么转化为茉莉酸这类化学信号呢？在前面章节中，我们介绍了捕蝇草中机械刺激引发夹子中的动作电位，引起两片夹子产生形变，超过阈值之后迅速引起闭合。捕蝇草捕虫闭合只需要 0.1 秒，茅膏菜粘住虫子之后，腺体弯曲需要好几分钟，叶片弯曲更是要以小时计，这样的动作也是通过动作电位来转换的吗？虽然 1976 年的时候，康奈尔大学的科学家已经记录到了圆叶茅膏菜和长柄茅膏菜腺体中可以产生动作电位[7]，但是早期电生理实验装置不大靠得住，在捕蝇草的电生理研究历史中，我们已经详细描述过了。猎物的机械刺激、引起叶片卷曲的茉莉酸和动作电位三者之间是什么关系呢？达尔文并没有直接解释茅膏菜运动的内部生理机制，主要原因是他走在时代的前面太远，在还没有能力检测到植物激素的时代，就已经开始研究植物内部调节机制。

时间到了2016年，捷克的科学家通过类似捕蝇草中使用的电生理仪器，获得了确定的结果[8]。在好望角茅膏菜捕虫的缓慢过程中，猎物带来的机械刺激会转换成动作电位，电压10～25毫伏，与捕蝇草的140毫伏相比起来，显得小了点，而且动作电位只在茅膏菜腺体的头部和柄上传播，叶片上并没有动作电位。之后会引起茉莉酸的积累，并且在分泌的黏液中鉴定出了很多种消化酶。不仅如此，还记录到损伤后产生动作电位的现象，很好地解释了针刺茅膏菜叶柄也会引起腺体弯曲运动的现象，似乎植物不能区分损伤反应和猎物的刺激。也就是说，食虫植物的演化过程，很大程度上是利用、整合了植物普遍具有的防御反应，经过巧妙的变化来吃虫子了。一般植物被虫子咬了以后，只能忍着或者分泌一些虫子不喜欢的物质，让虫子尽快吃完走人，而茉莉酸通常跟植物的这些防御反应有关。茅膏菜却把忍受的痛苦变成了反抗的号角，动员起全身来吃掉虫子，即使这些虫子只是落下歇歇脚。

新的问题和新的答案

像所有的科学研究一样，新的进展会带来更多的问题。在漫长的演化过程中，茅膏菜产生了哪些变化？为什么茉莉酸能够引起形态发生巨大变化的捕虫运动，而其他植物则不能？捕捉到猎物的信息，在茅膏菜中又是怎样转化成化学信号茉莉酸的呢？茅膏菜与捕蝇草不同，感受的是轻微而持续的压力发出信号，如果刺激信号不能持续，也就是说猎物被粘住之后并没有挣扎，就不会招来后面更多的黏液腺体，叶片也不会引发弯曲运动，可惜被捕捉的昆虫都不知道这个秘密。机械刺激如果转换为电信号，茅膏菜又是如何判断刺激是否“持续”呢？邻近的腺体又如何知晓旁边的腺体捉到猎物，需要过去帮忙呢？茅膏菜的捕虫过程还有许多重要的未知环节，需要科学家慢慢揭开谜底。

其实在自然界中，形态各异的茅膏菜已经向我们展示了一些捕虫运动的奥秘。比如达尔文时代就被关注的叉叶茅膏菜，抓到虫子后，只有邻近的腺毛会弯曲、涌向猎物，远处的腺毛不会动，叶片也不会弯曲。按照这些新近的研究结果，我们可以推测叉叶茅膏菜不能动的原因，可能是不能把机械刺激转化为动作电位或者其他信号，导致无法合成足够的化学信号茉莉酸，而叉叶茅膏菜其实是具有弯曲叶片捕虫的能力的；另一个原因，可能是叉叶茅膏菜具有合成茉莉酸的能力，但是无法感受茉莉酸，化学信号无法传递下去。也就是说，叉叶茅膏菜可能不知道虫子来了，或者知道虫子来了也没有办法做出反应。到底哪一种假设更合理呢？达尔文如果生活在我们这个时代，一定会用实验的方法来验证一下。有兴趣的爱好者也可以自己做做思想实验。

茅膏菜属有一百多个种，还有很多种茅膏菜在捉到虫子之后，叶片也不会运动。比如阿帝露茅膏菜（图 6–13）和丝叶茅膏菜（图 6–14），捉到虫子后叶片都不会卷曲，只有腺体会涌向猎物。阿帝露茅膏菜叶片宽大，如果是由于叶片形态的阻力，不能弯曲也容易理解，但是丝叶茅膏菜叶片极其细长，比好望角茅膏菜还要细很多，依然不能弯曲，显然就不能用阻力过大来解释了，可能有其他的原因。看看丝叶茅膏菜独特的叶片形态，可能慢慢体会到丝叶茅膏菜的苦衷，并感叹大自然的神奇。丝叶茅膏菜叶片细长，一开始

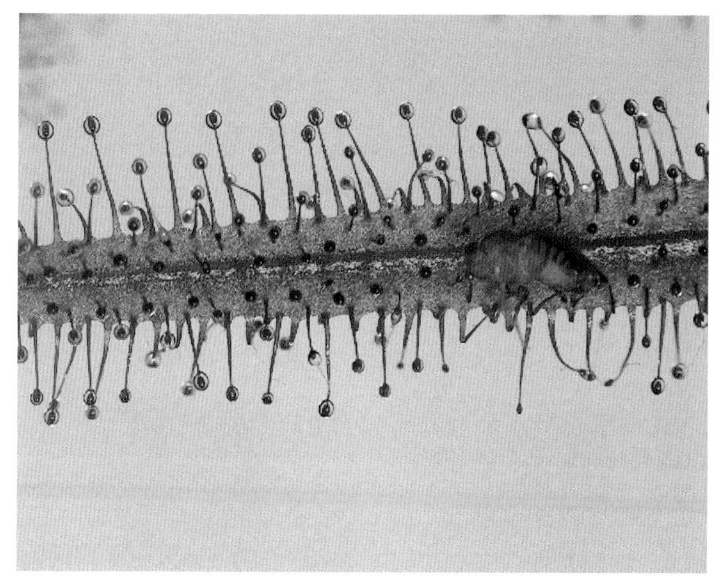

图 6-13　阿帝露茅膏菜捕虫后叶片不发生弯曲

叶子卷曲成蚊香状，随着生长逐渐展开，从基部到顶端布满了腺体。飞虫可并不会挑什么地方落脚，而是随机粘在叶片的任何部位。如果粘在靠近顶端还好，只需弯曲一小部分叶片，就像其他茅膏菜那个样子。如果虫子落在了叶片中间，甚至靠下的部位，这时候要是动员叶片弯曲，那可就麻烦了。长长的细丝状叶片还没有弯曲过来包裹住猎物，就会被周围东西绊住，可能是自己的其他叶子，或者是其他植物，更严重的情况是，弯曲的叶片会蹭到地面，粘住泥土。无论哪种情况，这条细丝状的叶片，如果弯曲很可能就再也回不来了，为了吃一个虫子，尤其是还不知道有多大个儿、营养够不够多的情况下，贸然牺牲一条长长的叶子，实在是不明智的做法。因为一棵健康的丝叶茅膏菜拢共也就同时长着三到四根细长的叶子。在漫长的演化过程中，丝叶茅膏菜经过慎重考虑，干脆放弃了叶片弯曲的能力，即使捕虫效率低一些，至少不会因为太鲁莽而损失过大；或者说，叶片能弯曲的细长丝叶茅膏菜都死掉了。

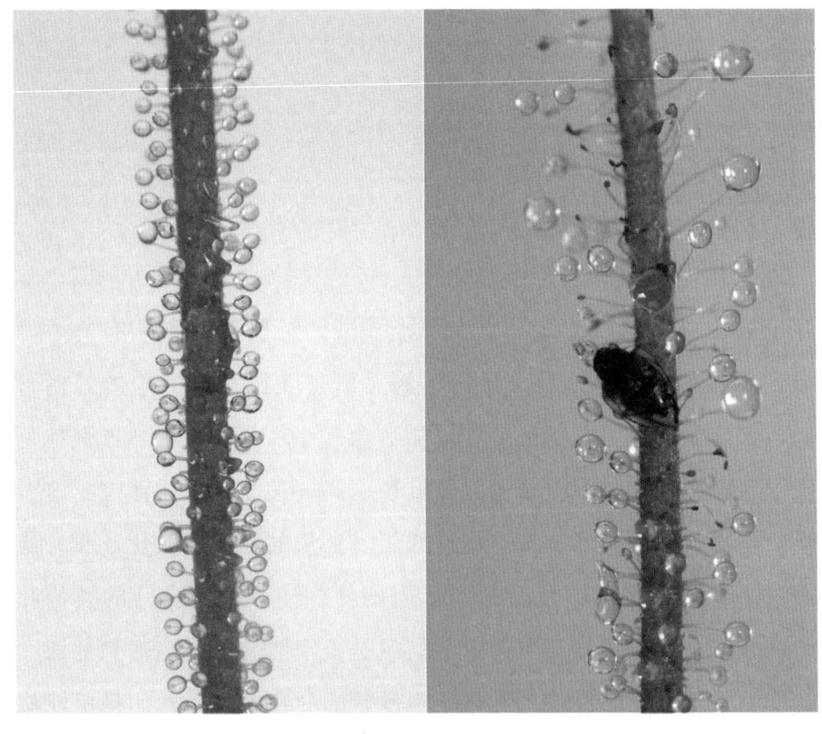

图 6-14　丝叶茅膏菜捕虫后叶片不发生弯曲

这几种茅膏菜的捕虫特征在达尔文时代并没有被关注到，可想而知，在自然界中应该还有更多种类的突变体，在捕虫过程中会出现各种功能的异常。这些突变体是我们了解茅膏菜如何捕虫的关键。它们都在默默展示着茅膏菜捕虫过程的内在机制，等待着有心人进行细致的观察。在充分了解了各种茅膏菜之后，我们有可能真正理解茅膏菜是如何从不能动的普通植物，变成了叶片可以发生巨大形变的食虫植物。在这个过程中，也可以体会一下，达尔文为什么那么热衷观察茅膏菜，实在是因为这些植物太有趣了。

参考文献

[1] Darwin C. Insectivorous Plants[M].Appleton, London, 1875.

[2] Kobayashi Y., D. Weigel. Move on up, it's time for change: mobile signals controlling photoperiod-dependent flowering. Genes Dev[J]. 2007. 21(19): 2371–84.

[3] Garner W. W. , A.H.A. Effect of the relative length of day and night and other factors of the environment on growth and reproduction in plants. Journal of Africultural Research[J]. 1920.Vol. XVIII (No. 11): 553–606.

[4] Wang Dong-Hui, W.D.-Q., Cui Yi-Wei, et al. Photoperiod regulates Cape Sundew (Drosera capensis) gland secretion and leaf development.

Carnivorous Plant Newsletter[J]. 2015.

[5] Ulrike Bauer, W.F., Hannes Seidel, et al. How to catch more prey with less effective traps: explaining the evolution of temporarily inactive traps in carnivorous pitcher plants. Proc Biol Sci[J]. 2015. 26, 2015.

[6] Nakamura Y., et al. Jasmonates trigger prey-induced formation of 'outer stomach' in carnivorous sundew plants. Proc Biol Sci[J]. 2013. 280(1759): 20130228.

[7] Williams SE, S.R. Propagation of the neuroid action potential of the carnivorous plant Drosera. Journal of Comparative Physiology[J]. 1976. 108: 211–223.

[8] Krausko M., et al. The role of electrical and jasmonate signalling in the recognition of captured prey in the carnivorous sundew plant Drosera capensis. New Phytol[J]. 2017. 213(4): 1818–1835.

这是个什么？

第七章 7

笼子到底是个什么？谁能告诉我

——埃林顿，1849 年

法属殖民地马达加斯加的长官艾蒂安·德·弗拉古虽然最先描述了一种猪笼草（马达加斯加猪笼草，拉丁学名 *Nepenthes madagascariensis*），不过他认为这个神奇的笼子状结构是长在宽大叶片顶端的花或果实（图 7-1）。虽然说得比较不靠谱，但是这也不能完全怪这位长官，“什么是花”这个重要的问题要到一百多年后，才由歌德（Johann Wolfgang von Goethe）提出了洞悉微毫的观点：花是节间缩短的枝条，花不过是各种叶的变形。如果猪笼草的笼子不是花，那是叶吗（图 7-2）？

瑞典伟大的博物学家林奈第一次见到猪笼草时，应该也会问同样的问题：这是什么？虽然林奈是最早正式命名了猪笼草的大学问家（1753年在其伟大著作《植物种志》中），但是他不相信植物会吃虫子，他认为即使有些虫子被猪笼草的笼子困住也是暂时的，随后可以逃脱出去，那个笼子只是储存水的容器[1]。由于林奈的权威，他的观点在随后一百多年的作品中一直被沿用，抄来抄去。虽然通过达尔文

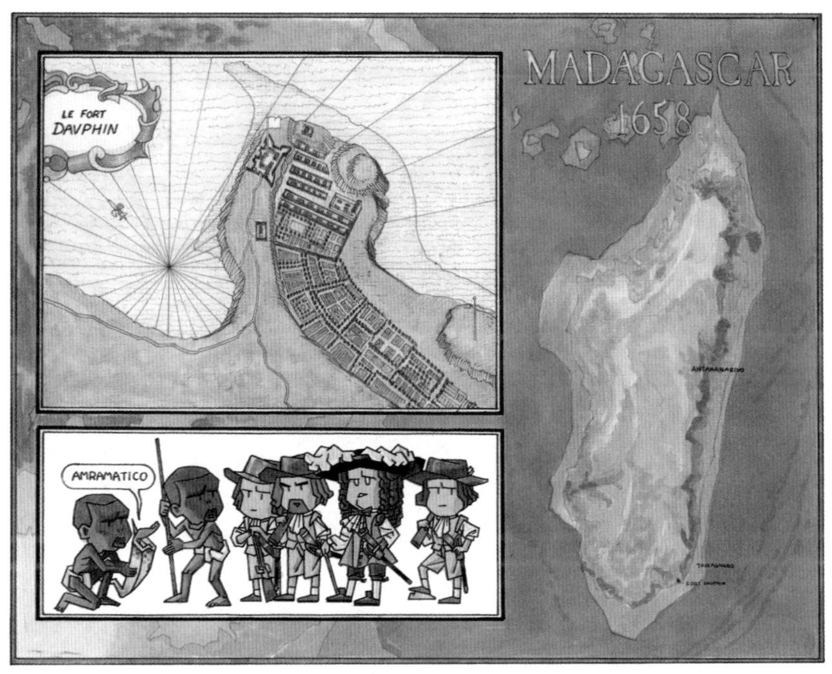

图 7-1 法国的弗拉古在马达加斯加最先发现了猪笼草

等一批博物学家的不懈努力，植物能够吃动物这件事在 19 世纪已经被广泛接受了，但是猪笼草的笼子到底是什么，还是个充满争议的问题。

猪笼草的叶片顶端长的大水罐子到底是什么呢？这是一个看似简单却又非常难回答的问题。回答之前，先要讲一下什么是叶：一个典型的叶包括叶片、叶柄和托叶三个部分（图 7–3），三部分都有的叫作完全叶。如果那个危险而精致的陷阱是叶片，那长长的卷须和宽大的“叶片”又各是什么部位？如果卷须和宽大的“叶片”是真正的叶片，那么这个笼子又是什么器官？

图 7–2　德国著名的诗人、文学家歌德，也是位博物学家，图中文字是德文“花是叶子的某种变形”

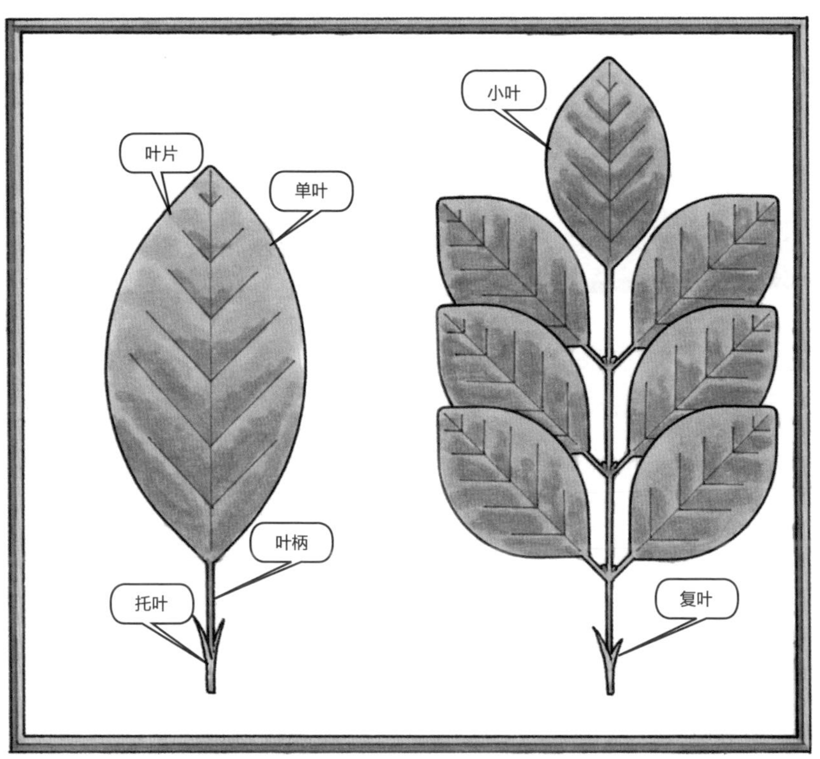

图 7-3 单叶（左）、复叶（右）示意图

不同人眼中的猪笼草

站在植物园温室的猪笼草前，看着笼子后面的卷须连接在宽大的“叶片”尖端，观察者的第一印象是叶片中脉延伸出了一部分，长成一个大口袋（图 7–4a 至 i）。后来的观察说明这样的想法错得很离谱。

那么猪笼草的哪一部分才是叶片，如何在形态学上来定义？这些问题博物学家在 19 世纪末就展开过大讨论，直到今天也没有明确的答案。先来看看以前人们是如何看待猪笼草的，当时的博物学家们产生了下面 6 种观点 [2]（图 7–5）：

a 翼状猪笼草 哥德堡植物园

b 杂交大猪笼草 哥德堡植物园

c 维奇猪笼草 哥德堡植物园

d 血红猪笼草 哥德堡植物园

e 葫芦猪笼草 哥德堡植物园

f 暗色猪笼草 哥德堡植物园

图 7-4 猪笼草照片

g　猪笼草展区 东京湿生植物园

h　杂交米兰达猪笼草 东京湿生植物园

i　苹果猪笼草 东京强罗公园植物园

图 7-5 关于猪笼草叶片的不同观点

第一种观点，奥古斯丁·德·堪多（Augustin de Candolle）认为：盖子是真正的叶片，其他各个部分都是叶柄，高度特化变成各种样子。

第二种观点，乌彻曼·恩斯特（Wunschmann Ernest）认为：所有部分都是叶片，膨大的、通常人们称作“叶片”的部分是整个叶片的下半部分（近轴端），卷须、笼子、盖子和刺是叶片的上半部分（远轴端），猪笼草不存在叶柄。

第三种观点，约瑟夫·胡克（Joseph D. Hooker）认为：猪笼草的笼子是叶片的附属结构，是一个长在叶片顶端的腺体，经过不断地长大、分化成为了一个我们现在看到的复杂器官。还有类似的观点认为笼子是叶片中脉膨大形成的。

第四种观点，亚历山大·狄克森（Alexander Dickson）认为：猪笼草的各个部位共同组成一片叶子，基部是叶片，远端的叶片部分特化为猪笼草的笼子或者漏斗，中间的卷须其实是叶脉。猪笼草的笼子是由扁平的叶片边缘卷起形成笼子，笼子外表面其实是叶片的背面表皮。笼子的各个部分都是叶片的一部分，只是形态特化得比较厉害，已经都认不出曾经是一片叶子了。这种观点与第二种类似，区别之处是狄克森对笼子的形成过程提出了详细的假说。

第五种观点认为：猪笼草的叶片不是单叶，而是复叶。这里要补充一下形态学知识，什么是单叶和复叶。叶柄上只长一个小叶的是单叶，叶柄上长两个以上小叶就是复叶了。人们在根据单复叶概念来定义形状奇怪的罐子时遇到了困难，分不出哪里是叶片，哪里是叶柄，干脆声称它们都是叶片。比如英国著名植物学家弗雷德里克·鲍尔（Frederick O. Bower）认为盖子是另一片小叶，笼子和盖子构成了一个复叶。另一位美国的植物学家约翰·麦克法兰（John M. MacFarlane）走得更远，认为猪笼草是3 ~ 5个小叶组成，盖子、笼子表面的翼，卷须，膨大的“叶片”，只要是搞不清楚来源的部分，都按叶片处理。

第六种观点最天马行空，德国植物形态学家威廉姆·特洛尔（Wilhelm Troll）[3]认为整个猪笼草由三部分平行结构构成，第一部分基底层变大，形成了我们通常称作“叶片”的部分；第二部分是“叶片”，发育成了笼子和卷须。叶柄在哪里呢？他认为叶柄是笼子上长着的翼。猪笼草的“叶”被他切割，而后重新组合，已经快要看不出是什么了。

从这些五花八门的划分方法也可以看出，猪笼草的形态是多么复杂，不同的人产生了截然不同的解释，而这些人是当时欧洲、美国最优秀的植物学家、博物学家，对各类植物有很丰富的形态学知识，所以不能用前人不够聪明来一概否定。猪笼草还是那个猪笼草，对一片叶子可以有这么多种的解释。所以，永远不能把对现象的解释当成现象本身。

对于不同观点的判断依据

这到底是个什么？哪种说法更接近真相，听谁的好呢？而我们判断的依据又是什么？猪笼草叶片发育这件事非常像“盲人摸象”的故事（图 7–6），每个人摸到了大象的一个部位，各自认为大象是蒲扇、柱子、绳子、大蛇、萝卜、墙。我们在探索自然的过程中，何尝不是如此。如何能够真实地反映出“大象”或者笼子的真实面貌呢？首先是多摸一摸，摸出大象所有的部位，即便如此，也未见得所有人都会在头脑中拼出一头大象，可能有的人头脑中产生的是一面墙有四根柱子，墙上挂着蒲扇、绳子、萝卜、大蛇等。除了更多地观察或者摸索之外，还需要以理性精神作为判断的标准，才能对我们“看”到的现象做出更接近真实的解释。

图 7–6 盲人摸象的故事

让我们从“大象”回到猪笼草的叶子上。一个成熟的猪笼草叶已经完成发育进程，很难看出这些高度特化的各个部位的本来面貌，要想回答猪笼草叶的争论，还需要在它发育的早期来寻找答案。其实在1859 年的时候，胡克已经对猪笼草叶的发育过程做了细致的观察和精彩的记录[4]。即使那个年代的显微镜还远不如今天的精准，也没有先进的记录仪器，胡克和那些博物学家依然给我们展现了微小的猪笼草叶原基的发育过程，全凭画笔、细入毫芒（图 7–7）。如果一定要找出些缺憾的话，也就是胡克把笼子中形成的窝状区域，理解为细胞凹陷进去了，实际上是其他位置细胞分裂速度更快造成的结果，也就是周围的细胞隆起形成了窝状区域。

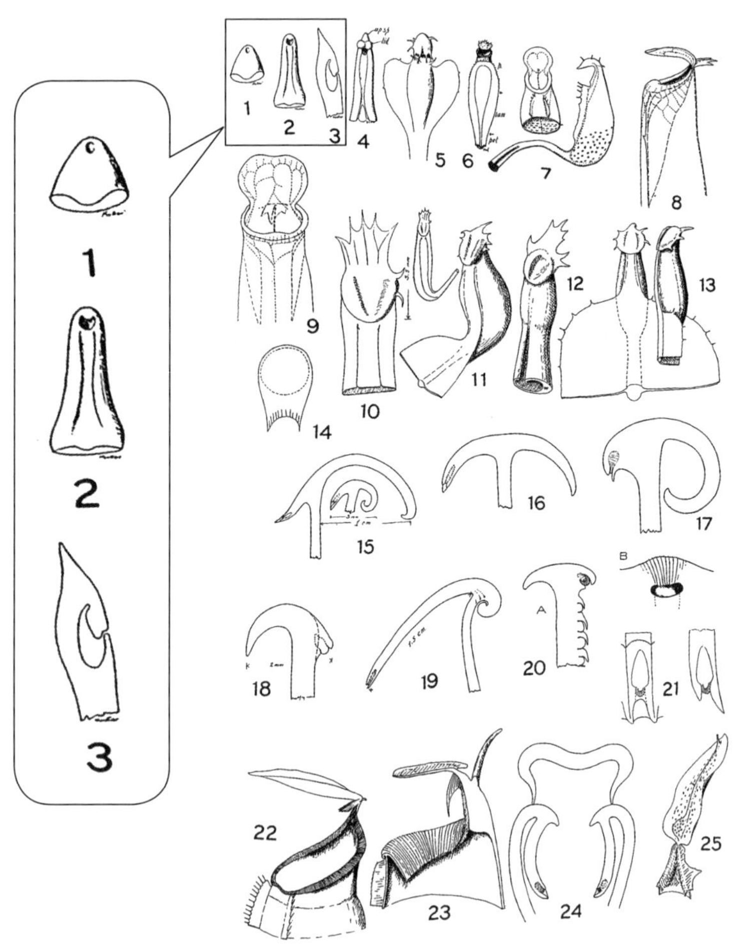

图 7-7　猪笼草不同发育时期插图，修改自 Francis Ernest Lloyd (1942)
左为局部，1 ~ 3 猪笼草早期原基插图为胡克 1859 年绘制

猪笼草笼子的发育历程

在有了功能强大的扫描电子显微镜（scanning electron microscope，SEM）后，我们可以真实地再现猪笼草笼子的发育过程（图7-8），其实没有扫描电镜也可以，毕竟猪笼草的叶原基尺寸相对较大，通过显微镜就能看到。扫描电镜的特点是可以拍出立体感超强的照片。首先猪笼草的笼子是一片叶子，来源于叶原基，只是后来长得比较抽象而已。在最早的时候，和所有的叶原基一样，在茎尖的顶端分生组织（shoot apical meristem，SAM）旁边长出来一个凸起，随后慢慢地长成一个扁片，区分出背面和腹面（图7-8a）。这个叶原基包裹在顶端分生组织的一侧，随着不断的发育，在对面会形成另一个凸起，再长出另一片叶子后螺旋式上升；而顶端分生组织一直保持着分化潜能，是植物的“干细胞”。叶原基长出来的顺序决定了叶序，可以让猪笼草的叶片在空间上展开，尽可能地不相互遮挡，多获得阳光。

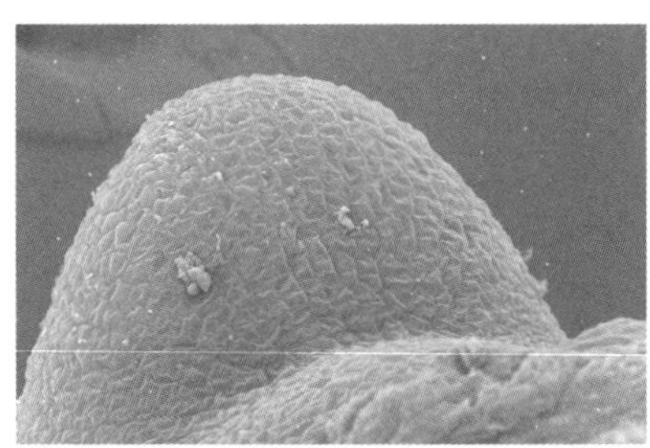

a　最早的叶原基

b　叶原基开始长大，在扁平叶片的腹面，出现隆起

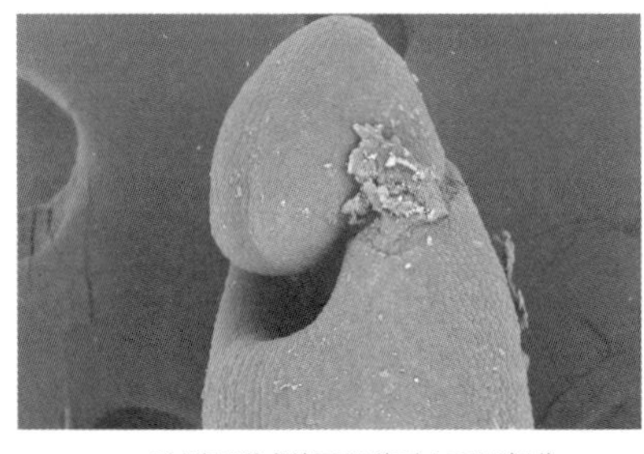

c　叶原基形成笼子和盖子上下两部分

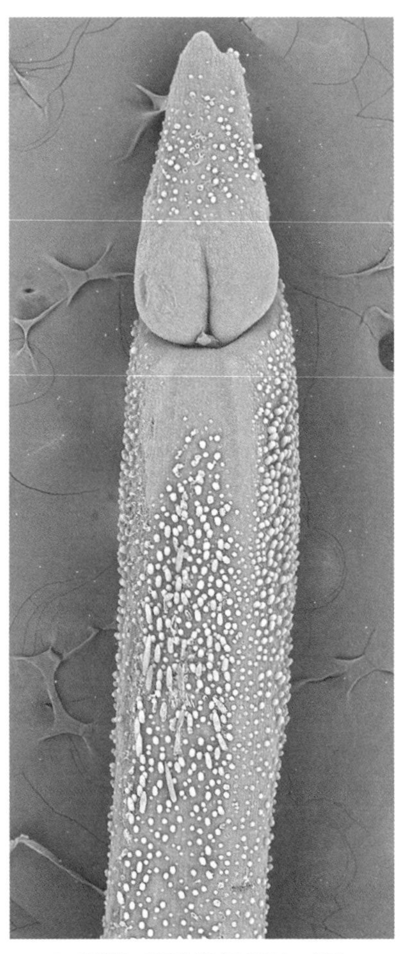

d　叶原基，盖子和笼子已经长在一起了

图 7-8　猪笼草原基电镜照片

图 7-9 猪笼草叶序俯视图

叶原基逐渐伸长、两翼变宽，不断向上生长。它的外面是黑洞洞的一片，因为之前的叶片包裹着，不见阳光，所以它的颜色是苍白的。之后要想出人头地，还要经过一次艰苦的挣扎，才能突破前面叶片的包裹。

就在叶原基刚刚长大一点点，基本上同一时间，在顶端侧面，也就是叶片的腹面，一堆细胞开始隆起，形成两个新的原基，上面的原基逐渐变鼓，下面一团原基加速分裂也向外凸起，但是中间的细胞按兵不动，并没有随着一起加速分裂，这样在靠下的位置形成了一个凹窝。两个原基生长的方向相反，上面的原基向下生长，下面的向上生长，与此同时整个叶原基也在不断伸长、长大，下面的窝也逐渐扩大（图7-8b、c）。此时已经不难看出，这两团原基日后分别形成了盖子和笼子（图 7-8d）。由于它们生长方向相反，很快就相遇了，盖子被笼子套住，紧紧地套在一起。

在盖子和笼子的原基拼命生长的时候，最初的叶原基顶端也没有闲着，逐渐从一个平平的圆顶长成一个尖尖的刺。最初快速生长的主力是顶端，随后慢慢让位给盖子和笼子，到后来就成了一条挂在脑后的小辫子了（图 7-10），经常会被忽略，其实小时候它也风光过，是快速生长的先锋。在随后的过程中，笼子生长发育的速度超过了盖子，一开始两部分大小接近，越往后笼子的尺寸就越大了（图 7-11a 至 i）。生长过程中，不仅细胞数量在增多，细胞也逐渐在分化，很早的时候就长满了毛，样子很威武（图 7-12）。

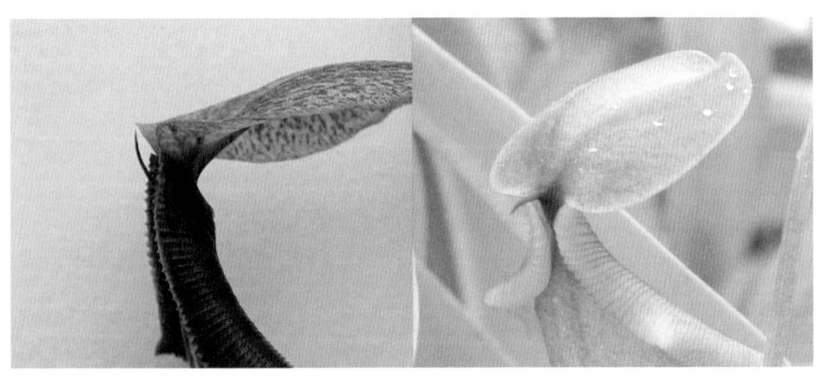

图 7-10　缩小的刺，曾经是猪笼草叶原基生长的顶端，已经没有实际功能

图 7-11　猪笼草不同发育阶段的照片

当盖子和笼子包裹在一起，外面长毛，内部也开始分化了。整个笼子也分为了上下两个部分，上部日后会发育成布满蜡质的墙壁，让昆虫难以立足，在笼子下半部分，内壁上还分化出很多消化腺体。这些勤劳的腺体，在猪笼草的笼子还未打开的时候，就开始使劲分泌液体了（图 7-13a 至 e）。

在顶端不停地高度分化、形成盖子和笼子的时候，后面也没有闲着，

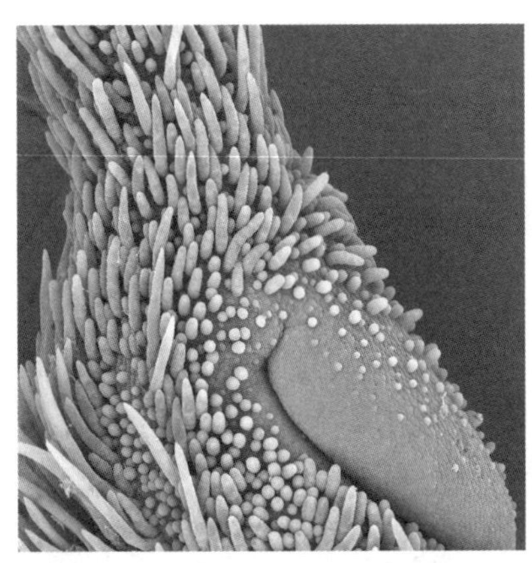

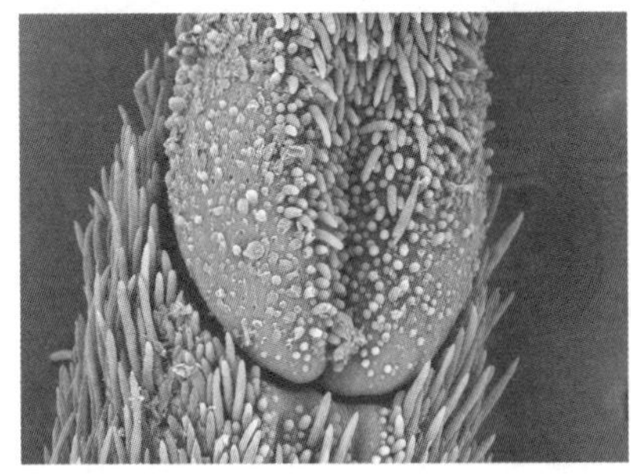

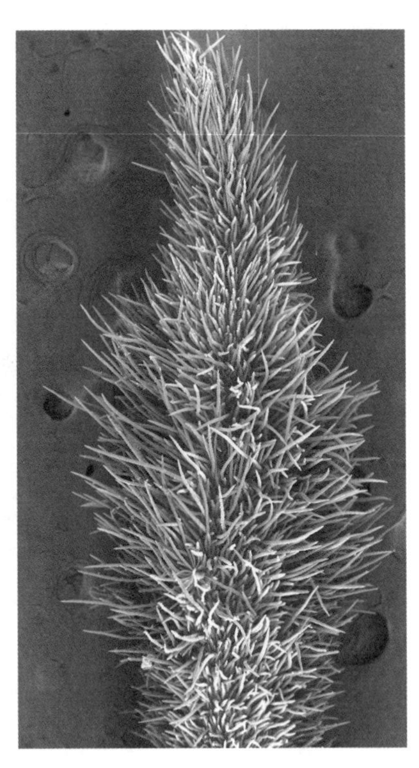

图 7-12　长毛的笼子

最初叶原基中间的部分加速伸长，日后它会发育成连接笼子与叶片的卷须，这部分颜色是白色的，柔软有弹性。再往后的叶原基两翼伸长，变宽，包裹着顶端分生组织，在后来的发育过程中这一

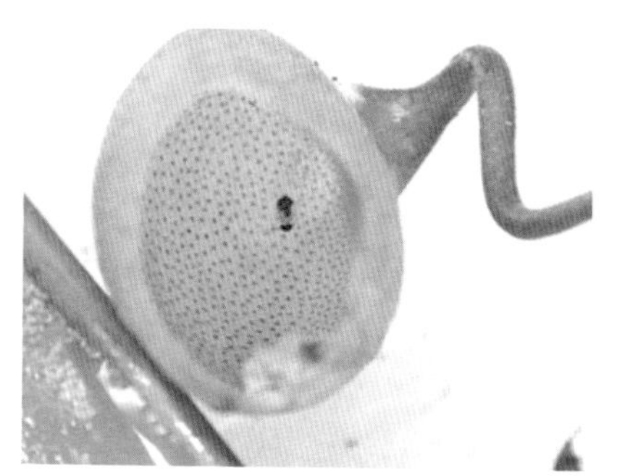

a 笼子里的腺体

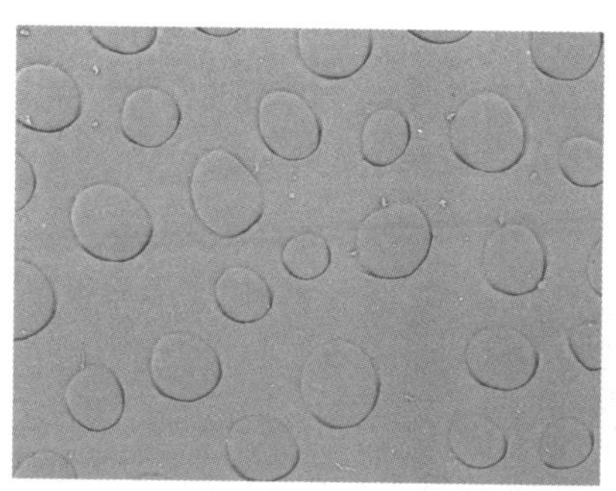

b 内壁上的腺体

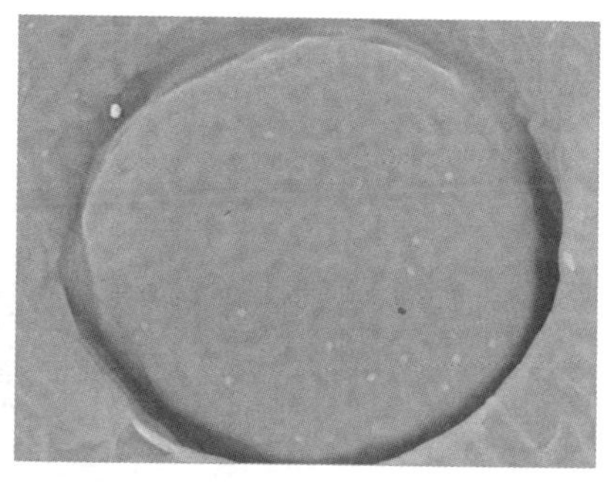

c 内壁上的腺体

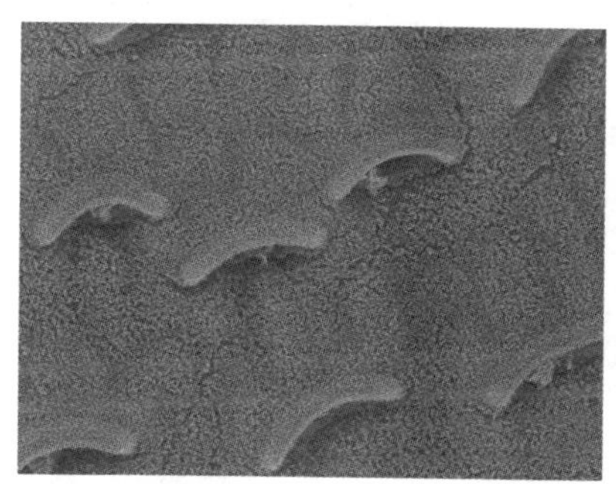

d 内壁上的蜡质

e 未打开的猪笼草笼子，里面已经有了消化液

图 7-13 猪笼草笼子内部结构

部分是生长最快的，也正是这一部分拼命生长，带来了挤压的动力，使得猪笼草的叶得以从先前一片叶的包裹中挣脱出来（图 7–14）。整个叶片暴露在空气中，见到阳光了，折叠在一起的叶开始慢慢展开，成为一个扁平的“叶”。

再后来，整个笼子不断长大，紧紧套在一起的盖子和笼子终于分开，盖子像把伞一样展开，覆盖在笼子上方遮风挡雨，这一步也很关键，如果盖子打不开，或者口开得太小，就没法捕虫了，精致的陷阱

图 7–14　新的猪笼草叶从之前的叶片包裹中挣脱出来

空有一肚子消化液而无法施展（图 7–15）。笼子打开后，笼子上沿处的细胞继续加速生长、分化，形成了光滑、纹理绚丽的口缘（图 7–16a 至 d）。至此，经过千辛万苦，猪笼草的笼子终于长成，一个精致的陷阱完全准备好，要开始吃虫子了。其中任何一个步骤出现偏差，都可能导致笼子发育失败，猪笼草为了能吃到虫子可是下足了功夫。

图 7–15 发育异常的笼子

a　刚打开的笼子，口缘还未发育完全

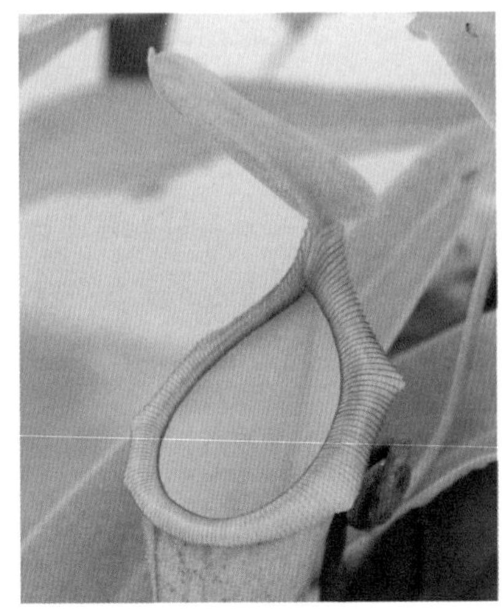

b　已经长成的口缘

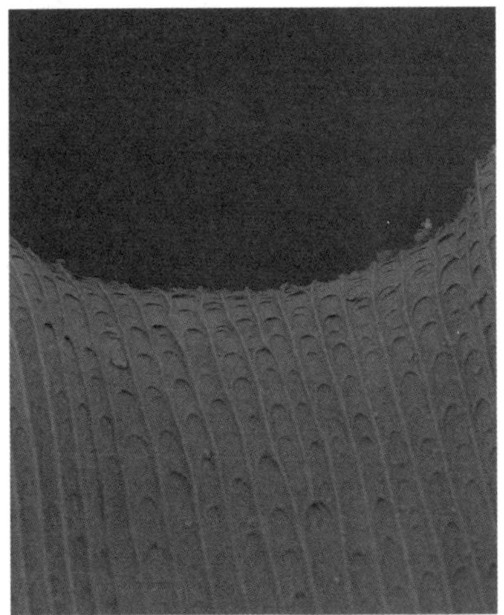

c　口缘顶部表面结构

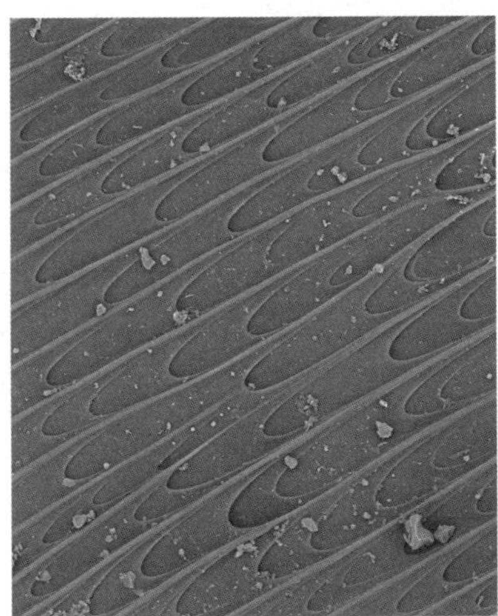

d　口缘顶部表面的纹理

图 7-16　成熟的笼子和口缘

这到底是个什么？

在了解了猪笼草叶片发育过程之后，现在回头看看当初人们关于猪笼草“叶”的争论，似乎可以做出更接近现象本质的回答了。首先，第一种观点：把盖子作为唯一的叶片部分看待，是不合理的。顶端的刺也是整个叶的一部分，无论从内部结构还是发育过程来看都是如此。笼子部分也不是由叶柄特化而来，笼子和盖子是平行、独立起源。胡克的观察结果也早已说明这一点。

第二种观点：所有部分都是叶片，也不合理，空间上不对。虽然猪笼草盖子、笼子、卷须和“叶片”都来自同一个原基，但是在发育过程中，盖子和笼子明显具有二次生长的特征，它俩脱离了叶片发育的主线，朝着不同的方向生长发育，全部算作一个叶片的说法，是眉毛胡子一把抓、模糊界限的做法，实际上并没有解决任何问题。

第三种观点：笼子是叶子中脉顶端膨大的腺体，属于最直观的解释，也是最错误的观点，时间上不对。笼子不是叶片中脉发育而成的，叶片中脉还没形成之时，复杂精致的笼子就已经分化好。而且，笼子在发育的起源上来自于叶原基的两个不同的部位，远比一个腺体要复杂得多。

第四种观点：叶片卷曲形成笼子，与事实不符，虽然叶原基下部有折叠、卷曲的现象，却是用来包裹更幼嫩的叶，日后形成宽大的"叶片"部分，并非形成笼子。笼子来源于叶原基顶端一部分细胞凸起。

那么第五、六种观点，不是单叶而是复叶的说法是不是更合理的答案？是不是猪笼草真的是一个复叶，所有结构都是一个单独的小叶？还不能仅凭形态学观察便匆匆盖棺论定。把宽大的"叶片"看作叶柄，是有一定道理的，在植物界也不是新鲜事了，比如台湾相思树（*Acacia confusa*）的"叶片"其实就是扩大了的叶柄。但是把笼子上边的翼状结构看作是叶柄就没有道理了。那么除了翼以外，剩下的盖子和笼子都是叶片的变形吗？盖子还有几分像，但是笼子长得太抽象了，实在是不好分辨。显微观察和解剖学证据只能提供对现象的描述。而判断笼子各个部分到底是独立的小叶，还是一片叶子的某一部分，则属于对现象的解释。形态学的问题需要来自新领域的证据来做判断。

虽然我们现在对于复叶如何形成了解得并不多，但是通过对很多物种的单叶、复叶进行分析，已经发现一个比较关键的基因，只在顶端分生组织会表达，一旦叶原基长出来，通常在单叶的叶原基中就不再表达。而在复叶发育过程中，除了在叶原基形成前会表达之外，复叶原基中每一个要长出小叶的位置，这个基因会再次表达，然后又消失。这个来去匆匆、功能神秘的基因成为了判断单叶还是复叶的新参照[5]。大自然中的单复叶形成机制很复杂，还是有很多植物的表现并不符合这个规律，不过不要紧，在解释现象的过程中不断探索，会让我们的解释更加接近自然现象本身。

博物学家们在 19 世纪就已经完成了对猪笼草以及其他食虫植物形态学的研究。事情到了 1953 年之后，随着 DNA 双螺旋结构的阐明，生物学也进入到了分子生物学的新时代。借助现代分子生物学的新进展，让我们除了形态学的推断外，增添一些新的判断依据，人们已经可以在基因功能层面对复杂的生物现象做出新的解释了。不过，与之相伴的是人们对 DNA 分子越来越了解，却对植物本身越来越陌生，在现代有关猪笼草的科学研究、科普文章中已经不了解猪笼草如何发育而来了，甚至有些论文中还有以讹传讹的错误。所以在探索自然的过程中，除了不断革新技术手段，还要经常思考我们所研究的问题的起源，在这么多年与大自然交流的过程中，人们都产生过哪些观念，知道我们从哪里来，才能更好地判断我们将去向哪里。

估计过不了多久，我们就会看到关于一百多年前猪笼草笼子之争的新解释。人们对于猪笼草问题的思考不会因此止步，在观察自然、解释自然的道路上，只会不断前行。在神奇伟大的自然中，有无数有趣的现象，食虫植物的各种问题并不重要，真正重要的是人对自然的惊异和惊异之后探索、思考自然的过程本身。这种探索、思考并不完全以解决具体问题为目标，它是无用的，正因为如此，它才分外美丽。

人类对于自然非功利的、理性的思考和探索构成了“人”尽可能大的认知空间。之所以“人”从远古时代一直到今天都在不断地扩展认知空间，增进对自然的了解，是因为“人”的认知空间决定了我们的生存空间。不断地探索、扩展认知空间已经成为了人适应自然的方式，我们放弃了不断增强肌肉力量、加快反应速度和运动速度这样增强个体自身功能的演化方式，而是朝着依靠提升抽象、概括能力的方向转变。依靠人的抽象能力增进对环境的了解，通过一代代的积累不断扩展认知空间，让我们在多变的自然环境中，保持应变的能力，做出恰当的反应才得以生存。从猿猴爬下树，原始人钻进山洞、走出非洲，大航海时代发现新大陆，航天飞机飞向浩瀚太空，无不如此，这个浩浩荡荡的演化洪流还将一直延续下去。之所以人类会不畏生死、前仆后继地探索未知，最深层的原因就是“人”是以如此方式适应环境、生存下去的。

达尔文和同时代博物学家们对食虫植物的热爱和研究，只是这股洪流中的一支。每一位关心、热爱自然的爱好者，都可以发现自己感兴趣的问题，用自己独立的思考看待前人的观点，提出自己的见解，动手解决问题，不断扩展“人”的认知空间。

参考文献

[1] McPherson S. Carnivorous Plants and their Habitats Vol 1[M].Dorset:Redfern Natural History Productions, 2010.

[2] Lloyd F.E. The Carnivorous Plant[M]. Waltham: Chronica Botainica Company, 1942.

[3] Troll W. Morphologie der schildförmigen Blätter. Planta[J]. 1932. 17:153–314.

[4] Hooker J.D. On the origin and development of the pitcher of Nepenthes, with an account of some new Bornean plants of the genus. Transactions of the Linnean Society[J]. 1859. 22: 415–424.

[5] Bharathan G., et al. Homologies in leaf form inferred from KNOXI gene expression during development. Science[J]. 2002. 296(5574): 1858–60.

食虫植物的“雅典学院”

第八章 8

有关食虫植物研究的历史并不长，从发现、记录一些特定物种开始，大概只有短短的两三百年时间。这部分研究是从博物学到实验生理学，最终发展为现代生物学这一主流中的一支。也正因为如此，我们得以有机会以全景式的方式来回顾这个群体，就像拉斐尔描绘古希腊雅典时期柏拉图的雅典学院一样。我们在《雅典学院》的背景上展示了食虫植物研究历史中的伟大人物（见本书最后的折页），各位读者可以对照一下这些人物与《雅典学院》原版人物之间的关系。

查尔斯·达尔文
（1809—1882）

位于画面正中，最吸引眼球的一对人物是达尔文和他的挚友约瑟夫·胡克（Joseph Hooker），《雅典学院》原画中这个核心位置则是柏拉图和亚里士多德。达尔文和胡克，两人少年时代就相识，伟大的友谊小船从未翻过。1831 年，22 岁的达尔文踏上了“小猎犬号”环游世界，而 1839 年胡克则登上了去往南极的“埃里伯斯号”考察船，这一年他也 22 岁。两人年纪相差不多，有着共同的爱好，有着共同的小圈子。达尔文深受博物学家亨斯洛（John Stevens Henslow）的影响，亨斯洛可以说是达尔文人生中最重要的导师之一，而胡克则娶了亨斯洛的闺女。达尔文的影响力远不止于食虫植物研究，他是最后一位伟大的博物学家，也是伟大的实验生物学家，达尔文关于演化的思想深刻地影响了 19 世纪末以后人们对待自然、社会、宗教等问题的态度。

约瑟夫 · 胡克
（1817—1911）
英国皇家植物园园长，
博物学家

胡克站在达尔文旁边，是达尔文最坚定的支持者，无论是在达尔文发表演化理论的论文，还是在研究食虫植物，胡克一直都是达尔文坚实的后盾。胡克给达尔文很多食虫植物和种子，并且定名了很多的食虫植物新品种，他还有另外一个身份：英国皇家植物园——邱园的园长。在胡克的努力下，邱园不再仅仅是一个皇家园林，收藏展览珍奇植物，更是成为了全世

阿萨·格雷
（1810—1888）
美国博物学家

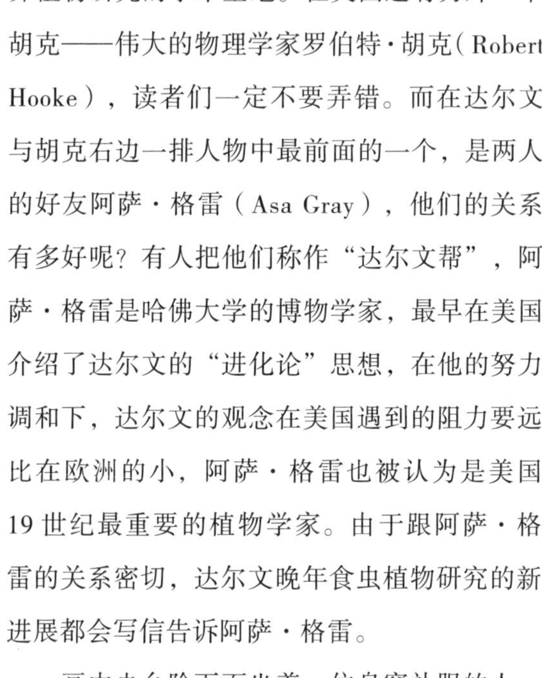

界植物研究的学术圣地。在英国还有另外一个胡克——伟大的物理学家罗伯特·胡克（Robert Hooke），读者们一定不要弄错。而在达尔文与胡克右边一排人物中最前面的一个，是两人的好友阿萨·格雷（Asa Gray），他们的关系有多好呢？有人把他们称作“达尔文帮”，阿萨·格雷是哈佛大学的博物学家，最早在美国介绍了达尔文的“进化论”思想，在他的努力调和下，达尔文的观念在美国遇到的阻力要远比在欧洲的小，阿萨·格雷也被认为是美国19世纪最重要的植物学家。由于跟阿萨·格雷的关系密切，达尔文晚年食虫植物研究的新进展都会写信告诉阿萨·格雷。

画中央台阶下面坐着一位身穿礼服的人，这个人是瑞典国宝级的伟大学者卡尔·冯·林奈，在《雅典学院》中躺在这个位置的人是犬儒学派哲学家第欧根尼。林奈去世后，他的手稿被遗孀卖给英国人，惊动了瑞典的皇家海军，想出动军舰追回手稿，但是没成功。获得林奈手稿的英国人成立了林奈学会，旨在推动博物学发展，极大地促进了英国的博物学进步。林奈与瑞典国王卡尔十一世和瑞典国王古斯塔

卡尔·林奈
（1707—1778）
瑞典国宝级博物学家

夫·瓦萨出现在了同一套钞票中。据传瑞典王国禁止晚年的林奈再去野外考察，怕这位国宝级的学者出个什么意外。从这些传说、故事中不难看出林奈的大名已经远远超出学术界。林奈博取巨大声誉的道路并非一帆风顺，他所建立的双名法分类体系，以生殖系统为首要的依据，也就是雌蕊、雄蕊的形态数目。并且林奈把植物的有性生殖过程与人类大量类比，这让他成为了传统学者眼中的离经叛道者。年轻时代的林奈挑战着旧有范式，挑战着权威。林奈命名法则最终还是成为了全世界通用的规则，成为了新的范式。有意思的是，面对植物能否吃动物这一问题上，林奈又充当了权威和旧传统捍卫者的角色，坚决地反对食虫植物的观点。林奈经常在物种名后附加发现者名字。这一点，让全世界的博物学爱好者都争相把新发现的物种寄给林奈，以期获得名垂新物种的殊荣，这里面就有英国商人约翰·艾利斯（John Ellis），由于给林奈送了捕蝇草标本和插画，现在的捕蝇草拉丁学名就定为 *Dionaea muscipula* Elli。而艾利斯的捕蝇草则来自于威廉·扬（William Young），英国王后夏洛

约翰·艾利斯
（1714—1776）
伦敦商人

威廉·扬
（1742—1785）
英国王后御用植物学家

特的御用植物学家，专门为她搜集新奇植物。1768年，威廉·扬搜寻了100多种植物带到英国，其中就包括捕蝇草，这是欧洲第一次引入活的捕蝇草。同样的人物还有费城植物学家约翰·巴特拉姆（John Bartram），这位美国植物学之父最先在温室中成功栽培捕蝇草，还向欧洲介绍了大量美洲植物，他被林奈称为“世界上最好的博物学家”。

约翰·巴特拉姆
（1699—1777）
美国植物学之父

意大利博洛尼亚大学的博物学家乌利塞·阿尔德罗万迪（Ulisse Aldrovandia），被后人称为博物学之父，自他之后博物学开始成为一门重要的学科。博物学的主要工作是收集、记录大自然中各种类型的生物，分类、命名，并试图从中找到“进化的阶梯”。但是要注意这里的“进化”并非日后达尔文的“进化”（evolution）之意，而是强调生物之中的等级、秩序。它的目的更多是在歌颂造物主的伟大，所以林奈到死也不同意植物可以吃动物，认为这违背了上帝的秩序。

乌利塞·阿尔德罗万迪
（1522—1605）
博物学之父

同样伟大却未能获得应有声誉的博物学家应该要数阿尔弗雷德·华莱士（Alfred Wallace）了，华莱士家境贫寒，没钱上学，迫于生计去做了土地测量员。华莱士不能像富有的达尔文一样坐船环球旅行，在乡下庄园里安心思考问题。华莱士曾悲伤地说："如果我的父亲能稍微有钱一点点，如果我的生活能够稍有不同，那我一定会把我的一部分注意力转移到科学上去。"后来华莱士不得不靠搜集珍奇动植物卖钱，做赏金猎人为生。也正因为这样，华莱士满世界奔走，观察到了无数动植物。华莱士长期战斗的地方正是盛产猪笼草的马来群岛。丰富的赏金猎人经历，让他悟到了竞争与演化的关系。在英国林奈学会，人们宣读了达尔文的论文和华莱士的论文来信。虽然在"进化论"的伟大理论上，达尔文获得了绝大部分优先权，华莱士仍然是提出进化论的重要人物之一。达尔文出版了《物种起源》之后，华莱士也积极热情地来信鼓励、祝贺了达尔文，且谦逊地赞扬达尔文比自己写得更好。相比较起来，牛顿同罗伯特·胡克、莱布尼茨等人的优先权之争，就显得狭隘了很多，可能是因为他们没有博物学家们游历全世界的经历吧。看过精彩的大自然，经历过惊涛骇浪中冒险的

阿尔弗雷德·华莱士
（1823—1913）
英国博物学家

博物学家，看待人类社会的利益纷争可能会更加从容。晚年的华莱士回到英国，在唐郡见到了达尔文，这两位深刻动摇世人观念的人物，他们的会面一定非常有意思。达尔文与华莱士一直保持了良好的友谊，时常书信往来讨论问题。为了纪念进化论的提出，英国林奈学会在纪念币正面印了达尔文的头像，而在背面则是华莱士。华莱士出现在《雅典学院》中古希腊哲学家芝诺的位置，这两人都算得上给后世留下无尽思考的伟大人物。

艾蒂安·德·弗拉古
（1607—1660）
法属殖民地长官

大航海时代之后，地理大发现提供了无比丰富的生物资源，新物种不断被发现，比如17世纪中末期，法属殖民地长官艾蒂安·德·弗拉古（Etienne de Flacourt），最先发现、描述了马达加斯加猪笼草；18世纪初，加拿大植物学家米歇尔·萨拉金（Michel Sarrazin），发现25种罐子植物，他的名字被林奈用来命名瓶子草属（*Sarracenia*）；1759年，爱尔兰的北美殖民地的长官、大地主亚瑟·多布斯（Arthur Dobbs）在北美发现了捕蝇草；19世纪中期德国植物学家弗兰茨·容洪（Franz W. Junghuhn），深入东南亚苏门答腊群岛地区搜集猪笼草：这

米歇尔·萨拉金
（1659—1735）
加拿大植物学家

亚瑟·多布斯
（1689—1765）
北美殖民地的长官

样的人物还有很多。博物学呈现出了爆发式的繁荣景象，食虫植物的新发现只是其中微小的一部分，无数新发现的物种让人们开拓了视野，开始思考不同物种间相似又相异的现象，为达尔文、华莱士的演化观点不断地积累素材，生物可变的观念在这些飞速扩展的事实面前，愈加清晰起来。震撼人心的达尔文“进化论”没多久就横空出世了。

弗兰茨·容洪
（1809—1864）
德国植物学家

与此同时，博物学却也在走向衰落。数理科学中实验传统的兴起，科学革命的完成，已经让研究物理、化学的科学家们瞧不上“集邮”式的博物学了，认为这些学问称不上真正的科学。而众多的所谓生物学家也一直羡慕着物理、化学学科中取得的巨大成功，努力学习着物理、化学中的理论体系和实验传统，在以生命为研究对象的过程中拼命地引入着实验方法。这种趋势首先出现在生理学中，实验生理学的出现，使得研究生物的学者们也觉得自己是“科学家”了。例如伟大的物理学家、化学家迈克尔·法拉第（Michael Faraday）开创了电磁学研究，发明了法拉第笼，很快就被研究捕蝇草的人拿来做电生理

迈克尔·法拉第
（1791—1867）
伟大的英国物理学家、化学家

约翰·桑德森
（1828—1905）
英国电生理学家

实验了；约翰·桑德森、莱斯特·夏普和威廉·布朗等人则是实验生理学应用在食虫植物界的代表人物，他们搬来物理、化学学科中的仪器设备，运用物理、化学中的观念和做法，试图分解复杂的生命现象，希望能像解释一部机器运作的规则一样，来解释生物运动的规律。但是结果不太成功，捕蝇草闭合机制至今仍然存在诸多未解之谜。

《雅典学院》还出现过一位女性学者——古希腊时期伟大的数学家希帕提娅（Hypatia），希帕提娅身处泛希腊化时期的亚历山大里亚，作为当时著名的哲学家、数学家、天文学家，她被亚历山大里亚的基督徒残忍杀害，她的死与亚历山大图书馆最终焚毁一起成为了人类文明历史上的标志性事件，曾代表人类文明最高成就、古希腊时期的最后一点理性光辉退尽，黑暗时期到来了。在食虫植物"雅典学院"中取代希帕提娅位置的是另一位伟大的女性植物学家、画家玛瑞安·诺斯（Marianne North），她与达尔文、胡克是很好的朋友，按理说也应该是"达尔文帮"的一员吧。玛瑞安·诺斯这位传奇女性足迹遍布全世界，创作

莱斯特·夏普
（1887—1961）
美国生物学家

了大量精美的植物题材画作。1880年，在达尔文的建议下，玛瑞安·诺斯去到澳大利亚、新西兰等地，去画独特的大洋洲植物。1881年，她画了一幅著名的油画，记录了马来西亚的沙捞越州（Sarawak）一种当时还未知名的猪笼草。随后胡克以“North”命名了此种猪笼草：*Nepenthes northiana*。其他人按照玛瑞安·诺斯的油画，在当地找到了这种猪笼草。玛瑞安·诺斯写信给胡克，要把自己画的大量植物画作捐献给邱园。胡克马上为她建立了专门的工作室展出画作，按照诺斯的愿望，工作室选在了远离热闹温室的僻静地点。不过诺斯的另一个愿望没能被满足，她希望能给参观者提供茶和咖啡，但因为游人实在太多了，难以供应。诺斯捐献的油画作品一共627幅，所收录的物种遍布全世界，这在当时是非常难得的，展出也受到极高赞誉。在1884年，维多利亚女王还专门写信给玛瑞安·诺斯表示感谢，并赠送女王签名照一张。玛瑞安·诺斯比起希帕提娅则要幸运得多，与希帕提娅代表古希腊最后的理性光辉退去相反，玛瑞安·诺斯在邱园的画室体现了博物学的黄金时代。

威廉·布朗
美国电生理学家

玛瑞安·诺斯
（1830—1890）
英国植物学家、画家

恩斯特 · 海克尔
（1834—1919）
德国胚胎生物学家

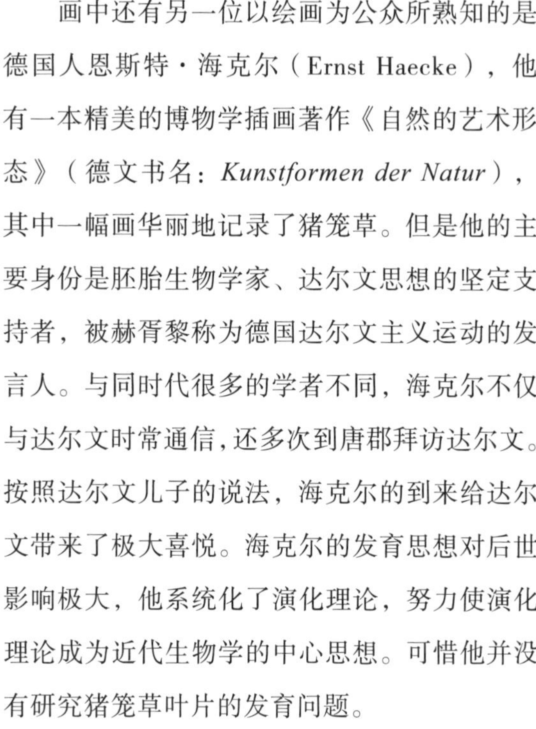

画中还有另一位以绘画为公众所熟知的是德国人恩斯特·海克尔（Ernst Haecke），他有一本精美的博物学插画著作《自然的艺术形态》（德文书名：*Kunstformen der Natur*），其中一幅画华丽地记录了猪笼草。但是他的主要身份是胚胎生物学家、达尔文思想的坚定支持者，被赫胥黎称为德国达尔文主义运动的发言人。与同时代很多的学者不同，海克尔不仅与达尔文时常通信，还多次到唐郡拜访达尔文。按照达尔文儿子的说法，海克尔的到来给达尔文带来了极大喜悦。海克尔的发育思想对后世影响极大，他系统化了演化理论，努力使演化理论成为近代生物学的中心思想。可惜他并没有研究猪笼草叶片的发育问题。

弗雷德里克 · 鲍尔
（1855—1948）
爱丁堡皇家学会主席

在第七章中我们介绍了有关猪笼草叶片发育的六种不同观点。以猪笼草这类食虫植物为研究对象在如今的生物学研究领域是非常小众、不为人知的“小事件”，现在全世界植物研究的目光都聚焦于水稻、玉米等重要作物上，因其重要的增产、实用目的；或者小草拟南芥这样的模式生物上，因其简单、便于研究。总而言之，科学研究的价值被加上了极强的实用性目的。而在达尔文时代，猪笼草叶片这类毫无实际用途的问题，反倒是极其引人注目的科学问题，那时人们更加追寻内心深处对自然的惊异。从参与其中的人物我们可以感受一下这是多么激动人心的“大事件”。除了前面提到的英国皇家植物园园长约瑟夫·胡克认为猪笼草的笼子是膨大的腺体外，英国著名植物学家弗雷德里克·鲍尔（Frederick Bower），爱丁堡皇家学会主席，睿智地提出了猪笼草叶子不是单叶而是复叶的观念；另一位认为猪笼草的盖子才是真正叶片的植物学家——瑞士的奥古斯丁·德堪多（Augustin de Candolle），更为有名，在巴黎成为拉马克和居维叶的助手，首先提出了“自然战争”的概念，对日后达尔文形成进化论观点有着重要的影响，而且一家三代都是有名的植物学家。他的儿子，阿方索·德·堪多（Alphonse de Candolle）与达尔文常有书信往来，两家友谊世代相传，关系密切。达尔文让自己的儿子、植物生理学家弗朗西斯·达尔文多看看阿方索的书。观点最为飘逸的德国植物学家威廉姆·特洛尔（Wilhelm Troll）是非常著名的植物比较形态学家，也是

奥古斯丁·德·堪多
（1778—1841）
瑞士植物学家

威廉姆·特洛尔
（1897—1978）
德国植物学家

约翰·麦克法兰

（1855—1943）

美国宾夕法尼亚大学教授

亚历山大·狄克森

（1836—1887）

苏格兰植物学家

乌彻曼·恩斯特

德国植物学家

德国形态学复兴过程中的重要人物。而其他的学者如美国宾夕法尼亚大学教授约翰·麦克法兰、苏格兰格拉斯哥大学教授亚历山大·狄克森（Alexander Dickson）、德国植物学家恩斯特（Wunschmann Ernest）都是很有影响力的植物学家。虽然这些重要的学者有些人并未谋面，生活的时代也各自不同，在食虫植物的“雅典学院”中，作者让他们重新聚首，面对面地讨论起来他们最热爱的猪笼草问题。而在拉斐尔的《雅典学院》中，在这一块位置的是托勒密、阿基米德和他的学生，这些伟大学者讨论的可能是天球运行的大问题吧。

拉斐尔在《雅典学院》中也把自己作为其中一员放入了画中，这是当时画家比较流行的做法：把自己画在重大历史题材里面。熟悉《雅典学院》的读者一定知道原作中拉斐尔在哪里，而食虫植物版“雅典学院”中也有两位从未出镜的人物：本书的文字与绘画作者。大家可以去寻找一下，一睹真容。同时画中还收录了另两位作者：英国博物学家斯图尔特·麦克皮尔森（Stewart McPherson）和英国植物学家弗朗西斯·罗伊德（Fancis E. Lloyd）。他们各自出版过有关食虫植物的优秀著作，是对整个食虫植物和食虫植物研究历史的最好总结。食虫植物版“雅典学院”所有人物形象均来自于真实历史肖像，虽是卡通人物，但是严谨考据态度丝毫不减，只有恩斯特、威廉·扬和约翰·艾利斯三人未找到肖像，根据想象绘制。

这幅新的“雅典学院”是研究食虫植物科学家群像的缩影，他们对人类的影响远不止于食虫植物研究本身，经过艰难的取舍，最终只能收录众多科学家中的一小部分，以致敬这些伟大的人物。借用《晓松奇谈》的话来说：这里有科学大历史碾过的痕迹。

斯图尔特·麦克皮尔森

（1983—　）

英国博物学家

弗朗西斯·罗伊德

（1868—1947）

英国植物学家

再版后记

这是一本重新修正过的“旧”书，新瓶装了半新的酒。第一版《食虫植物》出版于 2017 年 7 月 1 日，书里留下颇多遗憾，种种原因也未能推而广之，总共印了 3000 册，大概有两三百本还没卖出去。从不多的读者反馈中，又感觉看过的人的评价没有那么差，心中略有失落。直到看到达尔文的书信集，心中一下子开朗了许多，达尔文的儿子写道：《食虫植物》这本书是 1875 年 7 月 2 日出版的，印刷 3000 册，卖掉了 2700 册。而达尔文同时期的著作《人类与动物的表情》，出版的第一天就卖出了 5267 册。在推广方面，这个中国版本的食虫植物真的在向经典著作学习了。

后来碰巧遇到了商务印书馆的编辑，慧眼识珠，打算帮我们重新改版。于是有了这本再版后的《植物的反击》。在此深深感谢一下商务印书馆。看一看书柜里众多的商务印书馆出版的书，有很多是对我产生过很大影响和帮助的书。以前可是没想过日后竟能与之合作出版书的。

也再次感谢在写作过程中提供了巨大帮助的很多人。

首先要感谢研究生阶段的导师许智宏院士、白书农教授，在北大读研究生的经历让我有能力和动力来写作这本科普书。其中白书农教授的诸多深刻观点也成为了本书中一再出现的观点。二位导师的鼓励，让我相信从事科普工作是个正确的决定，沟通科学研究与大众视野是有价值、有意义的工作。

也要感谢鲍宁和李远遥小朋友，是我工作中最坚定的支持者，给我最多的鼓励，这本书也是送给她俩的最好礼物。

美国菲利普斯安多福中学的托马斯·哈奇森（Thomas S. Hodgson）先生是这项工作的最早投资人。2014 年夏天，在昆明，托马斯先生与我一起闲聊时，就畅想把捕蝇草送入太空的可能性。在分别后，托马斯先生从美国为我找来了两本重要的食虫植物著作，这些书成为我开始写作时非常珍贵的资料。托马斯先生作为优秀教师的化身，也让我学习到了很多宝贵的经验。希望他会一直给我寄来好书。安多福的中文老师一定会帮忙翻译这一段给托马斯先生。

在食虫植物研究工作中，有很多优秀的学生参与其中，他们的工作有些作为素材写进这本书里，重新整理这些名字，以免忘记。第二章：张钟秀、王云飞、冀思涛、杜若楠、杨子慧、晏琳、赵曜、张愈捷、郭清儒、徐牧原、艾绍洁、王文琦；第五章：刘蒎、程可超、李智、阚纯玥；第六章：宋文菲、顾小荻、杨璐、汪东旗、崔宜溦；第七章：刘骁、耿梦桥、杜一冰。

书中不少图片来自于朋友们的帮助。王辰先生提供了大量长势良好的食虫植物和精彩照片。黑龙江七星河当地政府提供了宝贵的湿地照片。崔佛·考克斯（Trev Cox）先生慷慨提供了他网站上的大量捕蝇草突变体照片。李启华、吴优、刘大鹏三位摄影家提供了很多精美照片。由于数目众多，书中照片就没有一一标注了。

李峰　张兴

2020.01.16

拉丁名对照表

捕蝇草　*Dionaea muscipula* Ellis

貉藻　*Aldrovanda vesiculosa*

猪笼草属　*Nepenthes*

马达加斯加猪笼草　*Nepenthes madagascariensis*

马来王猪笼草　*Nepenthes rajalh*

巨型猪笼草　*Nepenthes attenboroughii*

苹果猪笼草　*Nepenthes ampullaria*

马桶猪笼草　*Nepenthes jamban*

二眼猪笼草　*Nepenthes reinwardtiana*

小猪笼草　*Nepenthes gracilis*

拉斐尔斯猪笼草　*Nepenthes rafflesiana*

二齿猪笼草　*Nepenthes bicalcarata*

弓背蚁　*Camponotus schmitzi*

毛赤杨　*Duroia hirsuta*

柠檬蚂蚁　*Myrmelachista schumanni*

马兜铃猪笼草　*Nepenthes aristolochioides*

眼镜蛇瓶子草 *Darlingtonia californica*

鹦鹉瓶子草 *Sarracenia psittacine*

小瓶子草 *Sarracenia minor*

紫瓶子草 *Sarracenia purpurea*

露松属 *Drosophyllum*

穗叶藤属 *Triphyophyllum*

圆叶茅膏菜 *Drosera rotundifolia*

孔雀茅膏菜 *Drosera paradoxa*

好望角茅膏菜 *Drosera capensis*

阿帝露茅膏菜 *Drosera adelae*

丝叶茅膏菜 *Drosera filiformis*

叉叶茅膏菜 *Drosera binate*

橡子茅膏菜 *Drosera glanduligera*

俾格米茅膏菜 *Drosera pygmaea*

莱佛士猪笼草 *Nepenthes rafflesiana*

台湾相思树 *Acacia confusa*

瓶子草属 *Sarracenia*

诺斯猪笼草 *Nepenthes northiana*

米兰达猪笼草 *Nepenthes* x *miranda*

翼状猪笼草 *Nepenthes alata*

杂交大猪笼草 *Nepenthes* x *maxima*

维奇猪笼草 *Nepenthes veitchii*

血红猪笼草 *Nepenthes sanguinea*

葫芦猪笼草 *Nepenthes ventricosa*

暗色猪笼草 *Nepenthes fusca*